AF460081

COUP D'OEIL

SUR LES

LANDES DE GASCOGNE.

PARIS. — Imprimerie de BOURGOGNE et MARTINET
Rue Jacob, 30.

COUP D'OEIL

SUR LES

LANDES DE GASCOGNE

ET

SUR LES COMPAGNIES

FORMÉES POUR LEUR EXPLOITATION;

PAR

M. LE VICOMTE D'YZARN-FREISSINET,

ANCIEN SOUS-PRÉFET.

> Parce que tout y était à faire, rien n'y a été fait..... P. 6.

Deuxième édition,

Revue et augmentée des documents officiels sur le Chemin de Fer de Bordeaux à la Teste.

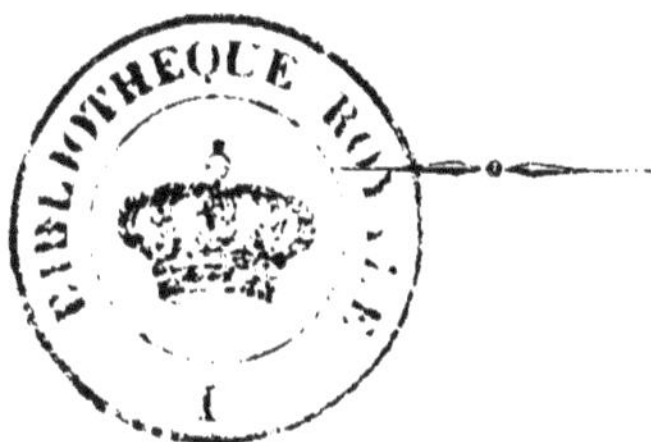

PARIS.

MADAME HUZARD, LIBRAIRE,
RUE DE L'ÉPERON, 7;

CARILIAN-GOEURY, LIBRAIRE
DES CORPS ROYAUX DES PONTS ET CHAUSSÉES ET DES MINES;
Quai des Augustins, 41:

DELAUNAY, AU PALAIS-ROYAL.

1837.

COUP D'OEIL

SUR LES

LANDES DE GASCOGNE

ET SUR LES

COMPAGNIES FORMÉES POUR LEUR EXPLOITATION.

PREMIÈRE PARTIE.

Il est une contrée de 750 lieues carrées, située dans une des plus belles provinces de France, soumise à la bienfaisante influence d'un soleil ardent et de pluies fréquentes ; appuyée sur l'Océan, elle étend ses frontières jusqu'à deux beaux fleuves, la Garonne et l'Adour ; peu éloignée d'une ville grande et riche, possédant enfin de nombreux éléments de prospérité, elle est cependant depuis un grand nombre de siècles livrée à des fléaux destructeurs qui la rendent inféconde et déserte ; ces plaines immenses, il suffit de les nommer, l'étendue de leurs maux les a rendues célèbres, ce sont les *Landes de Gascogne.*

Aspect général des Landes.

Depuis quarante ans quelle est la province de France qui n'ait pas concouru ou participé plus ou moins à l'immense mouvement qui s'est manifesté ? Depuis cette époque, la statistique la plus patiente pourrait difficilement parvenir à apprécier toutes les richesses qui ont été créées en France par l'application des nouvelles méthodes agricoles, la division des propriétés, une industrie toujours croissante, une quantité innombrable de nouvelles routes, ponts et canaux, qui par la rapide circulation qu'ils ont favorisée ont fait participer le pays tout entier de la prospérité de chacune de ses parties. Les Landes seules sont restées stationnaires, leur sauvage immensité a triomphé de l'esprit civilisateur de notre époque; à peine a-t-il touché le seuil de cette terre malheureuse, et *parce que tout y était à faire, rien n'y a été fait.*

L'aspect général des Landes est d'une grandeur qui n'est pas dépourvue de majesté, et porte à l'âme une tristesse profonde comme toutes les perspectives à la fois uniformes et immenses. Ce sont de vastes plaines dont l'œil ne peut embrasser l'étendue, couvertes d'ajoncs, de bruyères, et d'autres plantes sauvages, qui dénoncent l'absence de toute culture et le funeste délaissement de l'homme. Des marais insalubres, de misérables chaumières situées sur des monticules, de longues lignes de pignadas (1), rompent à peine la monotonie de ces déserts; et des pâtres montés sur de hautes échasses, errent comme de grandes ombres dans ces lieux désolés. Telle est la physionomie générale de ce pays; mais lorsqu'on l'étudie en détail, on ne tarde pas à comprendre la possibilité, la facilité même de le conquérir à l'agriculture. Dans le voisinage des ruisseaux et des rivières, l'œil est agréablement surpris de trouver des moissons abondantes, des plantations vigoureuses; sur le littoral on peut admirer un pays coupé d'étangs, couvert de magnifiques bois de pins inexploités et d'épaisses broussailles; enfin une contrée qui contraste par la variété de son aspect avec la mono-

Aspect du littoral.

(1) Jeune bois de pins.

tonie, l'aridité des plaines de l'intérieur, et semble protester contre l'ignorance et la paresse de l'homme, et prouver ce qu'a dit M. d'Haussez, *que ce sol n'attend pour produire que des mains qui sachent semer.*

Causes de la misère des Landes.

Indépendamment des causes générales qui expliquent la misère de ce pays, il en est de secondaires que nous devons signaler, car une administration forte et habile ne tarderait pas à les faire disparaître. La trop grande étendue des biens communaux est un obstacle puissant à tout progrès ; la nourriture d'un mouton y occupe plus de terrain qu'il n'en faudrait pour nourrir une famille. On a proposé comme une mesure extrêmement utile, d'affermer ces biens à long terme, ou de les concéder à perpétuité, moyennant une redevance au profit des caisses communales. En effet, il est facile de concevoir que le sol possédé par des fermiers serait cultivé avec cet attrait qui s'attache à la propriété, et qu'ils n'hésiteraient pas à faire des avances dont ils seraient sûrs de recueillir eux-mêmes les résultats.

L'extrême concentration des propriétés et l'excessif morcellement du sol aboutissent également à la misère, comme le prouve l'exemple de l'Irlande et de quelques communes du nord de la France où la propriété réduite à des atomes, est insuffisante pour nourrir les habitants qui la possèdent; on a cité une commune du département de l'Eure où cette divisibilité, poussée jusqu'à l'extrême, a eu pour conséquence dernière de créer une population mendiante qui vit sous le régime de la communauté, a aboli le mariage, et ne se reproduit que par une promiscuité que le hasard amène, union animale qu'un même instant voit naître et se dissoudre. C'est ainsi que cette sorte de dégradation du sol a opéré la dégradation de l'homme; il est donc évident que ces deux principes portés à un certain excès sont également funestes. Il est assez piquant d'observer les nombreuses défaites que la marche des événements a fait subir à presque tous les systèmes prêchés avec le plus d'amour par tous les partisans des idées révolutionnaires; on sait que le morcellement de la propriété était un de leurs principes favoris, et celui qu'ils défendaient avec le plus d'emportement. La France connaît à présent où peut conduire ce nivellement des fortunes territoriales; *la Revue des Deux-Mondes*, qu'on n'accusera pas de tendances trop monarchiques, s'est chargée de nous l'apprendre dans un piquant article qui a paru dans son numéro de novembre 1836.

Puissance de l'association appliquée à l'agriculture.

Jusqu'à présent l'esprit d'association ne s'était appliqué qu'aux valeurs mobilières; un grand pas restait à faire, c'était de soumettre à sa puissance de grands domaines qui ne peuvent être élevés au plus haut degré de production qu'avec des capitaux considérables; la société en commandite donne cette facilité. Ainsi se trouvera résolu ce problème si utile dans ses résultats, de l'extrême morcellement des revenus et de l'indivisibilité du sol. Par cette combinaison nouvelle, le nombre des propriétaires de terre peut indéfiniment s'accroître, et cependant le sol ne se subdivise pas à l'infini; il peut offrir à la fois les avantages réservés seulement à la grande culture et les bénéfices exceptionnels qui se rencontrent dans la petite culture; enfin l'unité de l'exploitation n'est pas brisée; une vue d'ensemble préside à la direction générale des travaux, et la réunion des capitaux sur laquelle l'association est fondée, permet de faire toutes les dépenses qu'exige le développement de l'entreprise; dépenses que de grands propriétaires même sont souvent dans l'impossibilité de faire, quelle que soit leur utilité.

La population des Landes qui, par la privation de routes et de canaux, n'a aucun point de contact avec les provinces limitrophes, est restée sauvage, abrutie, servilement obéissante à la routine la plus aveugle et la plus arriérée; étrangère à toute innovation, même la plus évidemment utile, elle n'emploie que les instruments aratoires les plus grossiers, les seuls qu'elle connaisse; le parcours, le système de fermage à demi-fruit, sont encore des causes actives et puissantes de misère, indépendamment de celles qui ne peuvent être détruites que par l'action du gouvernement ou les efforts des associations.

L'uniformité des cultures en usage dans les Landes est un pernicieux système contre lequel on ne saurait trop s'élever; chaque canton s'adonne à une plante privilégiée et la cultive constamment. Les Landais ignorent encore ces principes agricoles dont l'excellence est à présent reconnue, que la culture des plantes différentes équivaut pour la terre à un complet repos; qu'un sol contient une certaine quantité de substance affectionnée par certains végétaux, et que bientôt il en est totalement privé lorsqu'on le condamne à nourrir toujours la même plante. Il est même démontré que les herbes parasites qui croissent dans un champ sont toujours en raison inverse de la variété de sa culture.

Les Landais ne nourrissent guère que le bétail nécessaire au labourage; et pour se procurer le fumier qui leur est indispensable, ils sont obligés de laisser inculte une vaste étendue de terres afin d'y faire pacager quelques Bestiaux chétifs moutons qui y trouvent à peine leur nourriture. Si, au lieu de laisser errer des troupeaux dans des parcours immenses presque toujours imprégnés d'eau, on réservait pour cet usage un espace de terrain mis en culture, les bestiaux à présent maigres et chétifs ne tarderaient pas à s'améliorer, à multiplier, et les Landais ne seraient plus forcés de faire venir des vaches de Bretagne.

Le voisinage de l'Espagne, l'analogie du climat, la grande étendue des pâturages, avaient fait espérer que les moutons à fines laines pourraient s'y établir, et des expériences faites en grand sur plusieurs points ont pleinement justifié cette espérance.

Chevaux des Landes.

Les chevaux landais ont une grande ressemblance avec ceux de la Camargue, et ces deux races peuvent être comparées sous certains rapports avec les chevaux arabes, dont ils ont la vigueur et la célérité; dans des conditions plus favorables, ils acquerraient l'élégance et la finesse de formes dont ils sont à présent dépourvus. Le cheval landais est petit, grêle, d'apparence chétive, ne recevant aucun soin de l'homme, errant à l'état sauvage dans d'immenses plaines où il ne trouve qu'une nourriture insuffisante; mais l'herbe rare dont il se repaît dans sa course vagabonde est d'une nature si nourrissante, que ces animaux, en apparence si faibles, étonnent le voyageur par l'ardeur de leurs mouvements et la rapidité de leur marche qu'ils soutiennent pendant dix à douze heures sans paraître fatigués. Des qualités aussi précieuses devraient exciter plus d'intérêt pour les chevaux des Landes; mieux nourris, et soignés avec plus d'intelligence, ils formeraient une excellente race pour la remonte de notre cavalerie.

Les plantes oléagineuses sollicitent l'attention des habitants des Landes ; la culture du chanvre, notamment, qui n'a lieu qu'autour des habitations, se développerait avec succès dans de vastes terrains qu'on laisse voués à la stérilité.

Cultures propres aux Landes.

La vigne se plaît sur ce sol friable et léger ; on récolte d'excellents vins au milieu des Dunes arides du cap Breton. On en obtiendrait également avec des soins sur tout le littoral. Le vin de Vieux-Boucau était d'une qualité supérieure et d'un prix élevé ; mais par suite de la guerre les bras ont manqué, et les forêts de pins ont envahi les vignes. Toutes celles du Médoc sont établies sur des terrains de Landes.

Les conseils et les encouragements de M. d'Haussez, ancien préfet des Landes, ont contribué à créer quelques prairies artificielles, qui ont parfaitement réussi, et ont prouvé quels immenses services elles pourraient rendre à ce pays lorsque leur formation en grand sera devenue possible.

Des essais partiels ont constaté que le châtaignier, l'acacia, le noyer, croissent avec vigueur sur ce sol ; le pommier y devient magnifique, et le houblon, si précieux pour la fabrication de la bière, y vient naturellement au bord des ruisseaux, de manière à présager le succès de sa culture. Partout où un travail éclairé n'a pas dédaigné ce malheureux pays, partout il a prouvé que sa prétendue impuissance à produire était un préjugé absurde, et il a donné un démenti aux hommes prévenus qui soutenaient cette opinion.

Dans quelques parties on obtient de belles récoltes en blé ; en général, le seigle, l'orge, le millet, donnent des produits abondants. Sur les points les plus ingrats, le liége, le pin, le chêne, dédaigneux des soins de l'homme.

poussent avec vigueur, et la grosseur de leurs troncs, le luxe de leur feuillage, semblent protester énergiquement contre le mépris qu'on a pour le sol qui les porte.

Mais pour mettre ce malheureux pays au niveau des plus belles provinces du royaume, de grands travaux sont indispensables, et leur exécution est réclamée avec instance par tous les hommes éclairés que leur étude attentive des Landes ont mis à même d'exprimer une opinion qu'il est du devoir de tout gouvernement d'examiner; ce sont le desséchement des marais et la fixation des Dunes. Nous allons appeler quelques instants l'attention de nos lecteurs sur ces fléaux destructeurs dont l'existence s'oppose dans les Landes à toute amélioration qui puisse embrasser ce pays tout entier.

Nécessité de dessécher les marais des Landes.

D'immenses étangs, qu'on pourrait appeler des lacs, forment une longue chaîne sur une étendue de vingt-cinq lieues, depuis la Teste jusqu'à Bayonne. Ces étangs sont alimentés par les eaux pluviales, et sans doute aussi par les sources inférieures provenant des eaux des Pyrénées. Un canal de la Teste à Bayonne et à Dax leur offrirait d'utiles issues; il faudrait, il est vrai, le concours du gouvernement pour entreprendre ce grand ouvrage sur toute la surface des Landes, et en coordonner toutes les parties; mais les spéculateurs peuvent diriger leurs entreprises sur des lagunes peu étendues, et avec une faible mise de fonds ils seraient sûrs d'obtenir, dans un espace de temps fort limité, de magnifiques résultats.

Il y a deux sortes de marais dans les Landes, ceux qui bordent les rivières et ceux qui s'étendent dans l'intérieur des terres. Les plus vastes occupent le voisinage de l'Adour; quelques desséchements partiels y ont été tentés, et toujours le succès a dépassé les espérances.

Aux environs de Saint-Sever et de Cauna, le regard se promène avec admiration sur de riches moissons là où naguère des lagunes pestilentielles semaient la mort et les épidémies.

Le sol des Landes étant généralement élevé, les marais de l'intérieur pourraient être facilement desséchés par des canaux d'une étendue peu considérable, et la terre, laissée à nu par la retraite des eaux, enrichie depuis plusieurs siècles des débris de la végétation, étonnerait le cultivateur par sa puissance productrice, et lui rendrait au centuple le prix de ses soins. Le dessèchement des parties marécageuses pourrait être combiné de manière à doter ce pays d'un bienfait inestimable, celui de l'irrigation si utile, indispensable même dans ce terrain friable, qui, pendant les chaleurs de l'été, ne tarde pas à devenir une poussière aride. L'exemple de la Hollande plaide énergiquement pour cette grande mesure, et enlève à l'insouciance le prétexte de non-réussite, car le sol de ce pays est généralement inférieur à celui des Landes, et cependant, par ses canaux et ses dessèchements il s'est placé à la tête de l'agriculture européenne. Ce peuple industrieux a le premier, dans les Landes, donné l'exemple de l'utilité de ces travaux; on lui doit l'assainissement et la fécondité de la partie basse du Médoc, qui porte encore le nom de *Polder de Hollande*.

Henri IV, qui savait administrer son royaume comme il avait su le conquérir, était vivement préoccupé de rendre les vastes plaines des Landes à l'agriculture par des travaux de dessèchement exécutés en grand; il avait même conçu la pensée de les confier aux Maures alors expulsés de l'Espagne, et qui eussent trouvé dans cette contrée un asile et une patrie. Ce projet fut sacrifié à des scrupules religieux.

Parmi tous les projets de canaux qui ont été proposés pour arriver à cet important résultat, celui de M. Deschamps est sans contredit le plus largement conçu. C'est après avoir long-temps étudié le sol des Landes, c'est après avoir élaboré et modifié plusieurs fois ses propres idées qu'il s'est arrêté au projet qu'il a développé avec soin dans un mémoire publié récemment. Suivant son système, le canal principal partirait du quartier

Canaux.

de Paludate, au-dessus du pont de Bordeaux; il se dirigerait sur les territoires de Villenave, Gradignan et Cestas, pour arriver sur les Landes, de là s'établissant après Saucats, sur les plaines humides et couvertes d'une suite de lagunes, il traverserait la branche orientale de la Leyre, au-dessus du bourg de Sore; il entrerait ensuite sur le plateau de Sabas, et déboucherait sous le bourg de Saint-Jacques, entre Mont-de-Marsan et Tartas. La dépense totale serait de 28 millions, et le canal porterait le nom de *Canal du centre des Landes*.

Les communes de la Gironde ont si bien compris les avantages qu'elles pourraient retirer de ce canal, que les conseils municipaux des communes voisines de ses bords ont spontanément fait l'abandon du terrain nécessaire à son creusement. En effet, indépendamment de l'immense étendue de terrain qu'il rendrait à l'agriculture, il contribuerait activement à l'écoulement de ses produits. Le percement de quelques routes concourrait encore à ce grand bienfait; on peut les établir à peu de frais dans un pays où les terres ont peu de valeur; le prix d'achat en serait très modique, et le résultat serait incalculable ; car il ne faut pas oublier, lorsqu'il s'agit de donner la vie pour ainsi dire à un pays mort, qu'il ne suffit pas de le contraindre à produire, mais qu'il faut pouvoir arriver sans de trop grands frais aux lieux où les produits trouvent des acheteurs. Le gouvernement en retirerait de grands avantages par la mutation des propriétés et la création de nouveaux impôts, car l'ouverture du canal mettrait en valeur un espace de terrain qui surpasse en étendue le plus grand de nos départements.

Les Dunes, montagnes mouvantes, qui reçoivent continuellement de la mer des amas de sables qu'elles rejettent dans la plaine, ajoutent sans cesse de nouvelles causes de stérilité à la stérilité existante ; elles occupent 100 lieues carrées. La côte s'élève partout sur un plan incliné assez doux de 10 à 25° de pente depuis les bords de la mer jusqu'à la crête des Dunes, dont la hauteur ne dépasse jamais 180 pieds ; elles forment une chaîne de plus de 60 lieues. Quelquefois la chaîne s'interrompt, et laisse entre elles des vallons appelés *lètes*. Dunes.

Les vents d'ouest et nord-ouest apportent continuellement sur la crête des Dunes des masses de sables qu'elles laissent retomber au bas des versants ; cette sorte de fleuve, par son épanchement continu, finit par atteindre et détruire les moissons et les arbres, engloutit les habitations, et menace des villages entiers d'une complète ruine.

La marche des Dunes est beaucoup plus rapide dans le centre qu'aux extrémités de la côte ; on a calculé qu'elles avancent de 10 toises par an, d'où on peut conclure que tous les villages qui ne sont éloignés d'elles que de 2,000 toises seront ensevelis dans les sables avant deux siècles, si on n'arrête pas leur marche envahissante. Déjà l'église et une partie du bourg de Bias y ont trouvé leur tombeau; Mimizan, ville jadis importante, comme l'indique la grandeur de son antique église, a vu son port comblé, son territoire envahi, ses maisons englouties par le même fléau. Du sommet de la dune qui domine ce bourg, le voyageur peut contempler le tombeau de cette cité, et redire avec l'abbé Raynal : « L'homme s'endort ou s'agite sur des sables mouvants, il s'élance par ses projets dans l'éternité, et un concours de causes fatales peut se développer dans un instant, et l'anéantir lui et ses superbes demeures. » Le nom de M. l'abbé Desbiey doit être répété avec un sentiment de reconnaissance par les Landais, car le premier il a proposé de couvrir les Dunes de plantations de pins afin de les fixer et d'arrêter leur menaçante mobilité; le moyen fut reconnu excellent. L'expérience en a donné une complète démonstration; le pin pousse avec vigueur dans les sables, il en réunit les molécules mobiles, toujours prêtes à se désunir, et par sa croissance il finit par faire une masse compacte de parties qui n'avaient entre elles aucune adhérence. M. Brémontier, ingénieur, apporta le plus grand zèle à faire exécuter ces importants travaux, et il a ainsi démontré les grands avantages que les Landes pourraient un jour en retirer. L'ensemencement des Dunes a commencé en 1787; cette opération s'est continuée depuis lors avec lenteur et en subissant de fréquentes interruptions. En 1821, la compagnie Balguerie obtint une ordonnance qui l'autorisait à faire les études nécessaires pour combiner cet ensemencement avec les travaux de canalisation; on espère que ses projets recevront leur exécution.

Ensemencement et fixation des Dunes.

D'après le calcul qui a été fait, on n'est parvenu à fixer

par an qu'une superficie de 225 hectares; en suivant une marche aussi lente, il faudrait plus de 200 ans pour terminer cette grande opération. On évalue à une somme de 8 millions ce que coûterait l'ensemencement total des Dunes; mais la grande valeur qu'a obtenue la résine depuis quelque temps, rendrait un jour son exécution aussi lucrative pour les spéculateurs que providentielle pour les Landes. Il serait extrêmement utile de confier cette vaste opération à une compagnie placée sous la surveillance du gouvernement qui lui imposerait l'obligation de la terminer dans un espace de 50 ans. Des particuliers en demandent des portions plus ou moins considérables, et moyennant la jouissance des produits, ils se livrent aux travaux d'ensemencement. La compagnie des Landes a obtenu de l'État 300 hectares dont elle aura le revenu pendant 90 ans, à la charge par elle d'en ensemencer 300 autres.

Les arbres résineux ne sont pas les seuls qui puissent prospérer dans les sables des Dunes; toutes les espèces de chênes, l'aune, le saule, l'arbousier, le prunier, le cerisier, la vigne, peuvent y réussir; mais les arbres qui conservent leurs feuilles pendant l'hiver doivent être préférés, car ils sont plus puissants pour rompre l'action des vents.

On avait d'abord pensé qu'on emploierait avec succès pour la fixation des Dunes une plante appelée vulgairement gourbet (*elymus arenarius*), qu'on trouve abondamment dans les Dunes plates, voisines de la côte. Mais cette plante ne tarde pas à languir; ce moyen est d'ailleurs reconnu insuffisant.

Les trop nombreuses parties des Dunes qui attendent encore les bienfaits des plantations de pins ne sont que

Gibier.

des montagnes arides. Elles n'offrent de ressource qu'au chasseur; dans les lètes ou vallons qui séparent les Dunes, on trouve un gibier très varié et très nombreux; les petits oiseaux surtout y sont si abondants qu'il n'est pas rare qu'on en prenne dans une journée plus de cent douzaines; ce sont en général des cochevis, des linottes, des hochequeues, des rouges-gorges; ils arrivent par innombrables légions, se dirigeant vers le sud, en longeant les côtes de l'Océan. Dans les landes voisines des Pignadas, et au bord des marais, on rencontre fréquemment l'outarde, l'oie sauvage, le cormoran, le vautour arian; la grue, le cygne, la cigogne, se plaisent aussi dans ces sauvages solitudes.

En ne calculant que sur l'extension des forêts de pins, et sur le transport rendu possible, le dessèchement des marais et l'ensemencement des Dunes créerait dans les Landes un capital énorme. On évalue dans cette contrée à 900,000 francs le produit de 600,000 hectares incultes et livrés au parcours; sur cette somme, le revenn des troupeaux entre pour 600,000 francs, et celui des abeilles pour 300,000. La même superficie de terrain donne dans le département du Nord 37 millions 500,000 francs; dans celui du Calvados, 33 millions 500,000 francs. Supposons ces 600,000 hectares plantés en pins, chaque hectare de pins rapporte 30 francs au propriétaire et 30 francs au gemmier pour l'exploitation des matières résineuses, ce qui donnerait un revenu de 36 millions (sans compter la valeur des bois) qu'on peut retirer de ce pays à présent si misérable.

Produit de la résine de pin.

Et pour obtenir ce brillant résultat, il ne faut que de la persévérance et de la volonté. Les pins fournissent de la poix grasse, du brai sec, de la térébenthine, du goudron; celui qu'on appelle goudron de *gaze* vaut le goudron de Russie et de Suède. Quelques essais heureux pour l'éclairage au gaz par la résine ont considérablement augmenté le prix de cette denrée. Le pin commence à donner cette utile matière à vingt ans, il atteint toute sa vigueur à trente ans, sa vie se prolonge jusqu'à cent cinquante, mais il donne peu de résine lorsqu'il est vieux. Le mouvement toujours progressif de l'industrie, l'établissement de plusieurs bateaux à vapeur à Bordeaux, ont beaucoup augmenté la consommation du bois de pin. La houille ne lui fera jamais une concurrence très nuisible, car la mine de Carmeaux, la seule qui puisse envoyer ses produits à Bordeaux, paie des frais de transport trop élevés pour qu'elle puisse réduire ses prix; et les expériences qui ont été faites prouvent que dans un grand nombre d'usages le bois de pin doit être employé de préférence à la houille. Ainsi on a reconnu que la bûche de pin chauffe plus vite les chaudières que le charbon de terre, par la facilité qu'elle a de s'embraser promptement, avantage qui procure une grande économie de temps. La houille par ses parties sulfureuses corrode les grilles, attaque les chaudières, et ces dégâts ne sont pas à craindre dans l'usage du bois de pin.

Il est triste de savoir que de vastes terrains sont couverts de cet arbre si utile, et que le défaut de communication les rend presque improductifs pour les habitants des Landes. Des pins magnifiques croissent, vieillissent, meurent, jonchent le sol de leurs débris comme dans les forêts vierges du Brésil, et leur longue existence s'achève sans avoir pu adoucir le sort de la misérable population qui vit sur ce sol délaissé. On retire seulement quelques profits de la résine qui, par sa valeur intrinsèque, peut supporter les frais d'un transport difficile et coûteux.

Abeilles.

Les abeilles trouvent une nourriture abondante dans les nombreuses herbes odoriférantes qui croissent naturellement dans les Landes. Cependant les ruches sont bien loin d'y produire tous les avantages qu'on pourrait en retirer; dans cette exploitation on retrouve la même ignorance et le même esprit de routine. Les Landais usent encore de la barbare méthode de détruire les abeilles autour des ruches.

Colonisation.

Lorsque les grands ouvrages dont nous avons signalé l'urgente nécessité auront été exécutés, les Landes offriront de l'occupation aux cultivateurs sans travail, dont quelques provinces de France ont un excédant qui est pour elle un fardeau fort lourd. De l'Allemagne, de la Suisse, de l'Angleterre et de la France, on voit partir fréquemment des convois d'émigrants qui vont chercher au loin une existence que la patrie leur refuse; ils s'éloignent du sol natal, ils vont affronter les mers, se mêler à des peuples dont ils ignorent la langue et les usages, et tous ces sacrifices ne sont souvent payés que par d'amères déceptions; tandis que dans une des plus belles parties de notre France, il existe un pays immense qui ne demande pour produire que des bras, de l'intelligence et des capitaux.

D'après le tableau général que nous venons de tracer de la situation des Landes, nos lecteurs ont dû se convaincre que, pour arracher cette malheureuse contrée aux fléaux qui la dévorent, il fallait l'action puissante du pouvoir appliquée à un système de desséchement assez large et assez habilement coordonné pour étendre son bienfait à toutes les parties de ce vaste territoire. Cette grande opération sera accomplie dans un avenir que nous croyons prochain, car l'attention publique se porte avec intérêt sur cette contrée; on connaît les maux, on connaît les remèdes. Le gouvernement serait responsable d'une plus longue indifférence pour un pays qui égale en étendue la trente-sixième partie de la France. La question a été parfaitement étudiée par des hommes spéciaux, et on sait à présent à quoi s'en tenir sur cette contrée. Car nous devons signaler cette vérité, tout affligeante et honteuse qu'elle soit pour les habitants des Landes, ce sont eux qui ont puissamment contribué à entretenir long-temps cette erreur funeste, que les malheurs de leur pays étaient sans remèdes, et que toutes les mesures proposées pour les adoucir devaient nécessairement avorter. Cette opinion conçue par l'ignorance a été accréditée dans les départements voisins, même par des hommes instruits. On visite peu les Landes; ces plaines si monotones et si tristes sont généralement aussi inconnues des Bordelais que les déserts du Kamtschatka ou les sables de la Lybie, et cependant il n'est pas rare d'entendre formuler sur ce pays des jugements positifs par des gens qui croient le connaître parce qu'ils en sont à une petite distance qu'ils se sont bien gardés de prendre la peine de franchir. Cette légèreté est plus funeste qu'on ne pense dans ses conséquences; elle propage des notions fausses, elle décourage les spéculateurs, elle refoule les capitaux vers des entreprises bien moins solides et bien moins fécondes dans leurs résultats, elle retarde l'exécution de mesures évidemment grandes et utiles, mais que d'avance un fatal esprit de dénigrement poursuit de ses mesquines criti-

Opinions erronées sur les Landes.

ques, et dont il proclame avec dédain l'insuffisance ou la nullité. Heureusement quelques hommes supérieurs et guidés par des vues élevées et philanthropiques ont voulu voyager dans les Landes, les étudier avec soin, constater leurs maux, réfléchir profondément sur les remèdes proposés, et se former enfin une opinion par eux-mêmes.

Étude faite dans les Landes par des hommes distingués.

Les courses scientifiques de MM. d'Haussez, Deschamps, Billaudel, Poiferré de Cère, ne resteront pas sans résultat, et c'est à leurs travaux que les Landes sont redevables de l'intérêt que le public leur accorde depuis quelque temps ; car ils ont rectifié les notions fausses ou erronées que l'on avait sur ce pays ; à des jugements dictés par l'ignorance, répétés avec étourderie, ils ont opposé des faits bien constatés ; et les moyens d'améliorations qu'ils proposent doivent obtenir quelque confiance, puisqu'ils sont le fruit de patientes études faites sur les lieux mêmes. Les travaux de ces hommes de bien (1) ont déjà puissamment réveillé l'attention sur les Landes, jusqu'à eux si dédaignées même par les habitants des pays voisins. On commence à comprendre à présent qu'à nos portes un territoire vierge encore peut devenir le but de magnifiques entreprises, et les spéculateurs rassurés vont confier leur argent à ces plaines mieux connues et mieux appréciées.

(1) Le duc de Richelieu aussi avait étudié cette intéressante contrée, et avait projeté de s'établir à la Teste de Buch. Cet homme bienfaisant, qui avait déjà fécondé une contrée sauvage sur les bords de la mer Noire, aurait fait les plus utiles travaux dans les Landes si la mort ne l'avait enlevé trop tôt à l'estime de la France et de l'Europe.

DEUXIÈME PARTIE.

Après avoir tracé un tableau général et rapide des Landes telles que l'incurie et l'ignorance les laissent depuis si long-temps, nous allons arrêter l'attention de nos lecteurs sur les améliorations de détails qui viennent d'y être tentées, ou qui le seront dans un avenir peu éloigné.

Entreprises formées pour l'exploitation des Landes.

Sur le territoire de la Teste, aux bords du bassin d'Arcachon, il y avait un espace de terre de 300 hectares, enrichie depuis un temps immémorial des dépôts féconds qu'y laissaient les eaux de la mer, d'où cette terre a pris le nom de Prés-Salés. M. de Casteja s'est rendu acquéreur de ce terrain pour une somme de 200,000 francs ; il y fera exécuter des travaux d'endiguement pour le mettre à l'abri de l'invasion de l'Océan, et on assure qu'il a revendu 150,000 francs 42 hectares de ce même terrain.

Encouragé par ce succès, M. de Casteja exécutera sans doute ses grands travaux ; les avantages qu'il en retirera peuvent s'apprécier par ceux qu'il a déjà obtenus.

M. le marquis de Cornullier, pénétré de l'importance que les terres des Landes peuvent acquérir, a acheté les droits qu'avait le marquis d'Albret sur les biens communaux des Landes ; l'expectative des nombreux procès auxquels il s'expose ne l'ont pas arrêté.

Nous avons déjà parlé des projets de la compagnie des Dunes, formée, il y a seize ans, par les soins de la maison Balguerie de Bordeaux. Elle compte faire par la suite un canal qui occuperait le versant oriental des Dunes, et en vue des bienfaits de cette voie navigable qui dessèche le pays, elle a acquis 15,000 hectares provenant de l'ancienne seigneurie de M. de Marbotin, commune de Lége, et des seigneuries d'Arès et d'Andernos.

M. de Pervieux va faire exécuter de grands travaux de desséchement pour rendre à l'agriculture les marais d'Orx, situés dans le voisinage de Bayonne.

Hauts-fourneaux.

L'industrie s'occupe de tirer parti des nombreux gîtes de minerai de fer que renferme le sol des Landes; on trouve de hauts-fourneaux en activité à Pontens, et une terre essentiellement propre à faire de la porcelaine.

Près des grandes forêts de pins on établit des scieries de planches dont le produit sera très considérable, lorsque les moyens de communication seront devenus plus faciles et plus nombreux.

Importance du bassin d'Arcachon.

Le bassin d'Arcachon pourrait devenir un magnifique port de mer en y faisant quelques travaux destinés à rendre plus facile l'entrée de la barre actuelle; la navigation en retirerait de grands avantages, car on n'ignore pas que le golfe de Gascogne est très orageux, et expose à des périls imminents les vaisseaux qui le traversent. Vauban, à qui aucun grand projet patriotique n'échappait, avait compris tous les avantages de cette situation. M. d'Haussez, comme préfet de la Gironde, l'avait mûrement étudiée, et lorsque le ministère de la marine lui fut confié, il songea sérieusement à faire exécuter dans ce bassin tous les travaux qu'il réclame pour devenir un de nos plus beaux ports. Malheureusement le propre des révolutions est de paralyser pour un temps indéfini tous les projets utiles. Celle de 1830, en forçant M. d'Haussez à la retraite, a suspendu l'exécution de ses plans; mais les pensées essentiellement fécondes en grands résultats se reproduisent tôt ou tard, le gouvernement a compris toute l'importance

Construction d'un phare.

du bassin d'Arcachon, et un phare de première grandeur s'y élève à présent.

Le bassin d'Arcachon fournit les marchés de Bordeaux de nombreuses espèces de poissons : on y pêche entre autres la sole, le turbot, le congre, la raie, le rouget et la sardine.

L'huître de Gravette et les moules s'y multiplient avec une telle abondance, qu'ils forment des bancs qui finiraient par nuire à la navigation, sans la pêche continuelle qu'on y fait.

Les légères chaloupes de pêcheurs qui osaient sortir du bassin et affronter les flots de la grande mer, étaient exposées à de fréquents naufrages, et la pêche faisait tous les ans de nombreuses victimes. Une affreuse catastrophe arrivée le 28 mars 1836 plongea dans le deuil la population de ces contrées ; soixante-dix-huit pêcheurs furent engloutis dans l'Océan, avant d'avoir pu rentrer dans le bassin d'Arcachon. Ce cruel événement prouva de plus en plus l'insuffisance des chaloupes qu'on employait pour la pêche. M. Allègre, ancien officier de marine, en fut vivement frappé; il rechercha avec soin les moyens de parer à l'avenir au renouvellement de ces effrayants désastres, et conçut le projet de faire exécuter des bateaux à vapeur propres au service de la pêche ; il en fit l'essai le 30 décembre dernier, et le succès a dépassé ses espérances. Il y en a deux qui fonctionnent constamment; dans une traite, un de ces bateaux a pris jusqu'à soixante-douze quintaux de poissons; dans l'été ils pourront pêcher la sardine assez abondamment pour la livrer à la salaison. Ils offrent le double avantage de rendre la pêche plus abondante, et de mettre à l'abri de tout danger les hommes qui la font. Mais là ne se borneront pas les importants services rendus par ces bateaux à vapeur ; on pourra les employer

Bateaux à vapeur propres à la pêche.

à remorquer les gros bâtiments, par des vents contraires.

Le succès de M. Allègre n'a pas tardé à encourager la formation d'autres entreprises de même nature. En ce moment, M. Legalais, ancien capitaine de la marine marchande, a sur le chantier un navire de la force de 72 chevaux, et doit en faire construire d'autres pour une compagnie où se trouve M. Carayon-Latour, receceveur général de la Gironde, et plusieurs autres capitalistes, qui ont également compris les services et les bénéfices qui doivent résulter de l'emploi de ce genre de bâtiment.

Compagnie d'exploitation et de colonisation des Landes de Bordeaux.

En attendant que les travaux de canalisation soient exécutés en grand dans les Landes, des compagnies se sont formées pour en fertiliser quelques points isolés. Avec la prudente intelligence que conseille ordinairement l'intérêt privé, elles ont fixé leur choix sur les parties des Landes dont le sol était reconnu le meilleur, moins désolé par le séjour des eaux, et qui, par la fixation des Dunes qui la dominent, n'ont plus à redouter les terribles avalanches de sables qui s'échappent de ces montagnes mobiles. La situation de ces terrains est entrée pour beaucoup aussi dans le choix de ces compagnies; il est facile de comprendre que ceux qui avoisinent la mer et la route de Bordeaux offrent une incontestable supériorité sur les grandes Landes de l'intérieur des terres, et devaient naturellement attirer d'abord l'attention des capitalistes.

La première de ces associations fut fondée en 1834 par M. Boyer Fonfrède, sous le nom de Compagnie d'exploitation et de colonisation des Landes de Bordeaux. Dès son début, cette entreprise jouit à un très haut degré de la confiance publique. Cette prompte faveur, jusqu'à un certain point était motivée; en effet de vastes terrains dont partout la qualité n'était pas supérieure, mais qui partout pouvait donner des produits, d'immenses forêts de pins dont une grande partie était en plein rapport, et l'autorisation accordée par l'Etat d'ouvrir un canal qui, partant de l'étang de Mimizan pour aboutir au bassin d'Arcachon, faisait communiquer avec la mer les possessions de la Compagnie des Landes, et facilitait, par conséquent, le transport des produits; telles étaient les causes, fort puissantes sans doute, qui expliquent la faveur qui accueillit la formation de cette société. Bientôt ses actions dépassèrent deux fois le pair; mais bientôt aussi des dépenses mal calculées furent signalées au public; ensuite un procès enleva à la Compagnie des Landes la belle plaine de Cazau, qui était considérée comme le plus beau fleuron qu'elle pouvait ajouter à sa couronne, et le crédit de cette compagnie parut ébranlé. Toutefois, l'administration générale de l'entreprise a éprouvé de notables changements; elle ne suit plus la voie ruineuse où elle était engagée, et on annonce que prochainement une assemblée générale des actionnaires prendra toutes les mesures nécessaires pour assurer les grands résultats qu'on attendait d'une semblable association.

L'immense et belle plaine de Cazau est possédée actuellement par une société qui, sous le nom de *Compagnie agricole et industrielle d'Arcachon*, va se livrer à son exploitation, et y appliquer sur une vaste échelle les méthodes les plus avancées de l'agriculture et de l'industrie.

Compagnie agricole et industrielle d'Arcachon.

Nos lecteurs se formeraient une opinion très fausse s'ils jugeaient de ce territoire avec les préventions défavorables que cet écrit aurait pu leur donner sur les Landes en général; le vaste pays qui porte ce nom doit présenter nécessairement de très grandes différences; ainsi les terres situées au bas des versants sont d'une qualité très supérieure, parce que depuis un temps immémorial les eaux y amènent un détritus végétal qui a dû prodigieusement enrichir le sol; cette cause de fertilisation ne peut exister dans les lieux qui avoisinent les *crêtes*, parce que là, au contraire, les eaux enlèvent de l'humus végétal, au lieu d'en déposer. Ces causes établissent entre les terres des crêtes et des versants des différences profondes qu'il ne faut pas perdre de vue, si on veut éviter de graves méprises. Ainsi la plaine de Cazau, située au bas d'un versant, possède une couche de bonne terre qui a partout au moins dix-huit pouces de profondeur; les sables supérieurs qui reçoivent les pluies de l'hiver les infiltrent peu à peu sous les couches du sol inférieur, et lui communiquent une humidité féconde capable de résister aux plus fortes sécheresses de l'été. Par les qualités de son sol, et par son voisinage de Bordeaux, la plaine de Cazau peut être considérée comme devant prouver un jour que certaines parties des Landes, aujourd'hui si incultes, sont susceptibles d'être placées sur la même ligne que les meilleures parties du territoire de la Gironde. La situation géographique de cette plaine est admirable; aucun point de la contrée connue sous le nom de Landes ne peut lui être comparée. Elle se développe de l'étang de Cazau jusqu'au magnifique bassin d'Arcachon; elle longe la grande forêt de la Teste jusqu'à la route de cette ville à Bordeaux; au levant, elle avoisine les bords de la rivière de la Leyre, et est bornée au nord par les bourgs populeux du Teich, de Mestras, de Gujan et de la Teste, situés sur les bords du bassin d'Arcachon, qui réunissent une population de plus de 8,000 âmes. Sa superficie est de 12,000

Situation de la plaine de Cazau.

hectares et d'un seul tenant. Le tracé ci-contre fera encore mieux ressortir les avantages de cette position. Nos lecteurs nous sauront gré de fixer leur attention sur l'entreprise de la compagnie d'Arcachon qui a pour but une des opérations les plus importantes qui se soient formées depuis plusieurs années.

On voit par ce tracé qu'au moyen des eaux de l'étang de Cazau, 3,000 hectares pourront recevoir les bienfaits de l'irrigation et être convertis en prairies; des calculs faits sur les lieux, à l'exactitude desquels nous avons une entière confiance, car ils ont été fournis par des agriculteurs habiles, et qui cultivent le sol des Landes, portent à 285 fr. le revenu net de chaque hectare, ce qui donnerait, pour le produit des prairies arrosées, la somme de 855,000 fr., tandis que le fonds social n'est que de 8 millions (1). A ce revenu, donné seulement par le tiers de la propriété, il faut joindre le produit des autres cultures auxquelles pourra se prêter la nature du sol, et les résultats que ne peuvent manquer de donner les usines à construire. Les usines seront alimentées en grande partie par les produits retirés du sol même sur lequel elles seront établies; ainsi le minerai de fer, qui se trouve en abondance dans une partie du domaine et dans le voisinage, permettra d'élever des forges et un haut-fourneau.

La betterave, qui prospère sur les terrains légers, pourra être cultivée dans le voisinage de l'usine destinée à la convertir en sucre.

(1) La dépense des défrichements et autres travaux déjà exécutés sur la plaine de Cazau étant très inférieure à celle qu'on avait présumée d'après les calculs faits pour la constitution de la Société, l'on annonce que le placement des actions va être suspendu, parce qu'une partie assez considérable de ce fonds social n'est pas nécessaire.

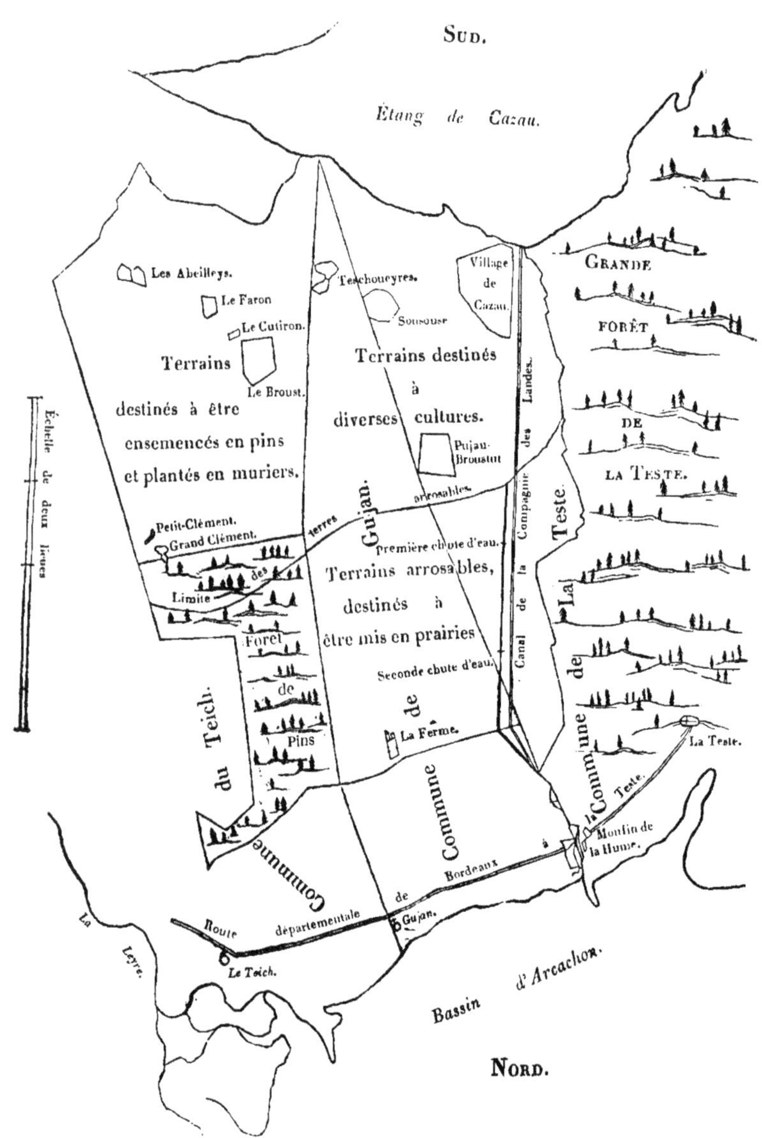
Sud.
Étang de Cazau.
Les Abeilleys.
Le Faron
Le Cutiron.
Terrains
Le Broust.
destinés à être
ensemencés en pins
et plantés en muriers.
Teschoueyres.
Sousouse
Village de Cazau.
Terrains destinés
à
diverses cultures.
Pujau-Broustut
Grande
Forêt
de
la Teste.
Échelle de deux lieues
Petit-Clément.
Grand Clément.
Limite des terres arrosables.
Gujan.
Première chute d'eau.
Terrains arrosables,
destinés à
être mis en prairies
Seconde chute d'eau.
Canal de la Compagnie des Landes.
Teste.
La
Commune de
Forêt de Pins
du Teich.
de
La Ferme.
Commune
La Teste.
Teste.
Moulin de la Hume.
Commune
Route départementale de Bordeaux à la Teste.
Gujan.
Le Teich.
La Leyre.
Bassin d'Arcachon.
Nord.

L'expérience a démontré que le mûrier (1) réussit très bien dans cette plaine; quelques cent mille pieds de cet arbre précieux y seront plantés. Ces nombreuses plantations et les grandes forêts de pins de la propriété créeront dans vingt ans un capital bien supérieur au fonds social de la compagnie. Ainsi cette entreprise, solidement fondée sur l'agriculture, ira toujours grandissant, tandis que celles qui reposent sur d'autres branches d'industrie immolent souvent l'avenir au présent.

Le bassin d'Arcachon, dont nous avons déjà parlé, est une des frontières de cette propriété; ses parages sont très fréquentés par la population bordelaise qui va y prendre les bains de mer. Bordeaux n'est qu'à 12 lieues de poste de la plaine de Cazau.

Une étude attentive des Landes, un examen comparatif et approfondi que nous avons fait de tous les principaux ouvrages qui ont été publiés sur ce pays, nous autorisent peut-être à porter un jugement que nous osons croire juste sur les deux principales compagnies qui se sont fondées, afin de donner pour ainsi dire l'existence à quelques parties de cette malheureuse contrée; toutes les deux doivent prospérer, toutes les deux doivent prouver, nous en avons la conviction profonde, les prodigieux résultats qu'on peut rapidement obtenir lorsqu'on soumet la virginité sauvage de ce pays délaissé à une intelligence persévérante secondée par des capitaux suffisants.

(1) On voit des mûriers très vieux et très beaux sur le bord de la route départementale, à l'entrée de la Teste; on en trouve également dans le domaine de M. de Lauzac. M. Allègre en a dans ses propriétés à Arès, de l'âge de six à sept ans qui ont parfaitement réussi, et ce succès l'a encouragé à faire de nouvelles plantations. Dans les terres mêmes de la compagnie d'Arcachon, il existe une pépinière qui a donné des plants abondants et vigoureux.

Malgré toutes les fautes qui ont marqué le début de l'entreprise de la compagnie des Landes, nous croyons encore à la réussite de cette association. Elle possède des propriétés qui offrent de grandes ressources d'exploitation, et qui acquerront beaucoup de valeur par le canal en construction, ainsi que par les améliorations qui vont s'opérer dans la contrée, et notamment par l'entreprise d'Arcachon.

La compagnie d'Arcachon réunit au plus haut degré tous les éléments de succès.

Aucune propriété de la contrée n'a tous les avantages que présente la plaine de Cazau, par la bonté du sol, les moyens d'irrigation et de transport, puisqu'elle est en communication directe avec la mer par le bassin d'Arcachon, et avec Bordeaux par la route départementale de la Teste, et par le chemin de fer projeté; qu'enfin elle est traversée dans toute sa longueur par le canal qui s'exécute et qui la fera participer au bienfait de ses eaux.

La compagnie qui entreprend en grand l'exploitation de la plaine de Cazau doit inspirer d'autant plus de confiance qu'elle a été formée par les soins de la Compagnie générale de desséchement qui a un double intérêt d'honneur et de fortune à sa réussite.

Participation de la Compagnie de desséchement dans l'entreprise d'Arcachon.

Cette importante Compagnie, connue par dix ans de succès, avait sur les plaines de Cazau des droits de propriété qu'elle a transmis à la Compagnie d'Arcachon, et elle s'est chargée des travaux de desséchement, de semis de pins, d'irrigation et de prise d'eau, que cette Société avait à exécuter dans cette plaine.

Non seulement elle a consenti que tous ces travaux, ainsi que la concession de tous ses droits, lui fussent payés en actions de la nouvelle compagnie, mais elle s'est engagée à rester intéressée pendant cinq ans dans la Société d'Arcachon pour 400,000 fr. Aussi n'a-t-elle rien négligé pour ne confier qu'en mains sûres, qu'à des gérants habiles la direction de l'entreprise, et pour que l'acte social renfermât toutes les conditions désirables (1). Cet acte a été rédigé avec son concours et celui d'un conseil du contentieux, composé de MM. Hennequin, Mandaroux-Vertamy, Duvergier, Delagrange, Calley-Saint-Paul, etc.

Les vrais intérêts des actionnaires ont été compris et défendus avec une loyale habileté.

Les trois gérants qui sont chargés de cette grande en-

(1) La Société est en commandite et par actions, sa durée est de trente ans; son siége est à Paris, quai Voltaire, n° 15; mais les directeurs-gérants auront leur résidence sur les lieux, excepté lorsque les actes de leur gestion ou les besoins de l'entreprise exigeront leur présence ailleurs.

Les directeurs-gérants (*ils n'ont point d'actions industrielles*) apportent 150,000 francs en espèces, qu'ils convertissent en actions nominatives de la compagnie. Ces actions demeureront inaliénables comme garantie de leur gestion.

La propriété avec tous les travaux de desséchement, semis de pins, droits, traités et avantages précédemment énoncés, est apportée pour 252 actions. 200 autres actions sont réservées aux vendeurs pour les travaux de prise d'eau et d'irrigation par suite du traité fait avec la Compagnie de desséchement.

Le fonds social est de 8 millions, divisé en 1,600 actions de 5,000 francs chacune. Les actions sont nominatives, ou au porteur; elles sont divisibles en coupons au porteur de 1,000 francs.

L'actionnaire peut effectuer le paiement de ses actions en entier au comptant, ou par quart d'année en année; il n'est engagé que pour le montant de ses actions.

Indépendamment des dividendes qui pourront être distribués, l'intérêt des actions est fixé à 5 p. %, payable les 22 mars et 22 septembre de chaque année; il sera payé pour la première fois le 22 septembre 1837; l'intérêt court du jour de la délivrance de l'action.

treprise offrent au public les plus hautes garanties de talent et de probité. MM. Wissocq et Cazeaux sont sortis de cette savante Ecole polytechnique où l'admission est déjà un succès ; ils ont renoncé à une belle carrière, et aux avantages certains qui les y attendaient; et M. le comte de Blacas Carros, président de la gérance, est un grand propriétaire fort expérimenté et ancien administrateur, connu par ses services sous les rapports les plus favorables. Nous aimons à voir, à l'exemple d'un pays voisin, les hommes sortis du sein de l'ancienne noblesse se mêler activement aux affaires du pays ; ils y apportent les vieilles traditions d'honneur et de loyauté de cette classe, et ils sont pour le public un motif de plus de confiance et de sécurité. C'est ainsi que les anciens gentilshommes doivent comprendre l'époque actuelle, et peuvent encore faire servir aux vrais intérêts de la France le prestige de leurs vieux écussons.

Ces trois directeurs apportent dans l'entreprise 150,000 francs, et leurs bénéfices ne se composent que du prélèvement qu'ils auront le droit de faire sur les dividendes qui seront distribués aux sociétaires après qu'ils auront reçu l'intérêt à 5 p. 0/0 de leurs actions.

Une commission de surveillance, composée de MM. le duc de M. Montmorency, le comte de Bertier, le baron de Maistre, le vicomte Goupy de Beauvolers, Guyardin, gérant de la Compagnie générale de desséchement, est chargée d'examiner tous les actes de la gérance, de s'assurer de l'exactitude des comptes et de la bonne tenue des écritures.

Un conseil d'agriculture, un conseil d'art et un conseil du contentieux tiennent, dans l'intérêt de l'entreprise, des séances qui ne sont pas fictives Nous voyons dans ces conseils les plus grands noms de France, de hauts fonctionnaires de la Restauration et des fonctionnaires non moins éminents du gouvernement actuel; des députés, des avocats distingués, des savants célèbres, des industriels et des agronomes expérimentés, qui tous apporteront au succès de cette entreprise leur contingent de lumières et de bonne renommée.

En jetant les yeux sur cette triple liste(1) qui renferme

(1) *Conseil d'agriculture.*

MM. Le duc de Montmorency, pair de France.
Le comte de Bertier.
Le marquis de Chambray.
Le baron de Maistre.
Yvart, dir. de l'Éc. vét. d'Alfort.
Duverger.
Huerne de Pommeuse.

MM. Le comte de Bonneval.
Poulle, membre de la Chambre des députés.
Le vicomte Goupy de Beauvolers.
Le baron de Rivière.
Roche, gérant de la Compagnie générale de desséchement.
Camille Beauvais.

Conseil d'art.

MM. Bérigny, inspecteur-général des ponts et chaussées, député.
Le baron de Bray, ancien conseiller du roi au conseil des manufactures.
Le vicomte Hericart de Thury, inspecteur-général des mines.
Michel Chevalier, ingénieur des mines, maître des requêtes.
Partiot, ingénieur en chef des ponts et chaussées, à Paris.

MM. Perdonnet, ingénieur, professeur à l'École centrale des arts et manufactures.
De St-Cricq, membre du conseil-général des manufactures.
Talabot, manufacturier, membre de la Chambre des députés.
Vauvilliers, inspecteur divisionnaire des ponts et chaussées.

Conseil du contentieux.

MM. Hennequin, avocat à la cour royale de Paris, membre de la Chambre des députés.

MM. Mandaroux Vertamy, avocat aux conseils du roi et à la cour de cassation.

des noms de personnes jetées dans des rangs politiques si divers, on ne peut s'empêcher de faire une réflexion rassurante pour l'avenir. La France se dégoûte de plus en plus des vaines théories gouvernementales qui n'ont pas pour résultat de la doter d'un épi de plus; après avoir prêté depuis vingt ans une oreille trop attentive aux rêveries des gazettiers, il est temps qu'elle s'aperçoive que la terre n'en devient pas plus féconde, et que les moissons n'en mûrissent pas plus vite; les améliorations réelles positives et immédiatement applicables au bonheur des classes populaires, sont à présent ce qui doit rallier les Français; les intérêts matériels du pays, en opérant le mélange des hommes, obtiendront plus tard la réconciliation des opinions et la fusion des partis.

La publication de l'acte social et d'une notice qui expose les avantages de la Société en style clair et simple, sans exagération et sans phrases de prospectus, a très promptement attiré à la compagnie d'Arcachon l'attention et la faveur du public; tous les journaux (1) ont con-

MM. Ariste Boué, avocat à la cour royale de Paris.
Vernois, ancien notaire, à Paris.
Castaignet, avoué près le tribunal de première instance du département de la Seine.
Duvergier, avocat à la cour royale de Paris.
Delagrange, ancien avocat aux conseils du roi et à la cour de cassation.
MM. Calley de St-Paul père, avocat.
Guibert, avocat, agréé près le tribunal de commerce.
Fremyn, notaire de la Société.
Thiac, successeur de M. Agasse, *id.*

(1) Le *Moniteur de la propriété et de l'agriculture*, recueil mensuel, fondé par des propriétaires d'une haute distinction qui l'ont spécialement consacré au développement des intérêts agricoles a été un des premiers journaux qui ont recommandé la compagnie d'Arcachon à la confiance publique d'une manière toute particulière. La livraison du mois de mars de cette grave publication, qui n'accorde des éloges qu'après un examen consciencieux,

sacré des articles détaillés à cette patriotique entreprise; même les grandes feuilles quotidiennes ont un instant laissé l'ardente arène de la polémique pour la recommander. Sur le terrain des intérêts matériels les adversaires les plus opposés sont bientôt d'accord; tous sont heureux de confier leurs capitaux à des entreprises utiles pour l'industrie, grandes pour le pays.

L'esprit d'association appliquée sur une vaste échelle aux exploitations agricoles réunit les avantages divers de la grande et de la petite propriété; il concentre des capitaux considérables dans les mêmes mains, il embrasse d'un seul point de vue la totalité d'un territoire, et ses pensées d'amélioration ne se perdent pas dans les détails; l'administration est forte parce qu'elle est concentrée, homogène et continue; en même temps le grand nombre des actions créées permet même aux petites fortunes de prendre part à ces grandes entreprises; elles offrent aux capitaux un placement solide et lucratif, qu'on chercherait vainement ailleurs, car les prêts hypothécaires mêmes exposent souvent à des longueurs fatigantes et à des embarras inextricables lorsqu'on veut rentrer dans ses fonds.

Nous devons le dire, les royalistes ont assez vite aperçu les symptômes du mouvement qui se prépare en France. Prenez toutes les listes d'actionnaires dans les entreprises importantes et bien conçues, vous les y trouverez toujours en grand nombre; dans quelques

renferme des calculs détaillés qui portent à 289 francs 50 centimes par hectare le produit des prairies arrosées qui se trouvent à peu de distance de la plaine de Cazau. C'est un propriétaire notable, un agriculteur expérimenté de la localité, M. Dumora, membre du conseil de l'arrondissement de Bordeaux, qui a fourni au *Moniteur de la propriété* ce document plein d'intérêt sur le rendement des prairies dans les Landes.

vastes entreprises comme celle des Landes, ils forment presque à eux seuls le fonds social. L'activité que depuis quelque temps ce parti déploie dans les affaires a des causes dont une surtout est honorable pour lui. La révolution de 1830 expulsa en quelques jours de toutes les places les royalistes qui les occupaient; il se trouva tout-à-coup sans existence et sans carrière une foule d'hommes intelligents habitués aux affaires et jouissant de l'estime publique; quand la tempête se fut un peu calmée, plusieurs eussent pu reconquérir les postes dont ils avaient été expulsés, mais ils furent arrêtés par des scrupules d'honneur et de fidélité que toutes les opinions doivent admirer. Cependant l'activité de ces royalistes s'est cherché des issues; un grand nombre d'entre eux se sont jetés dans les entreprises particulières, où leur loyauté et leur intelligence les ont fait admettre avec empressement; ils se sont créé des existences qu'ils ne tiennent que d'eux-mêmes. L'industrie du pays en a profité et en profitera bien davantage encore dans la suite, car peu d'affaires sont mauvaises dirigées par les honnêtes gens; le public sait par expérience que l'habileté ne suffit pas.

Il y a encore une entreprise sur le point de s'exécuter, et qui est d'une bien grande importance pour l'avenir des Landes, c'est l'établissement d'un chemin de fer de la Teste de Buch à Bordeaux. Ce chemin contribuera efficacement à vivifier toute la contrée qu'il traverse.

Chemins de fer.

Les chemins de fer et les machines à vapeur seront un jour pour le monde matériel ce que l'invention de l'imprimerie a été pour le monde intellectuel; ils feront pour le développement le plus illimité du commerce, ce que celle-ci a fait pour la généralisation de l'érudition et de la science. Qui pourrait nous prédire vers quel avenir marche l'humanité remuée et poussée par cette triple force? Je conçois l'effroi mélancolique du philosophe qui médite sur ces grands mouvements; il s'interroge sur la destinée de l'espèce humaine quand toutes les mers et les fleuves seront sillonnés de vaisseaux à vapeur dominateurs des vents, se jouant des calmes et des marées; quand de longues lignes de chemins de fer auront entrelacé entre elles toutes les provinces de France; la France avec l'Europe, et l'Europe avec le monde; et il se répond avec tristesse, que dans ce grand mélange les peuples perdront leurs physionomies distinctes, leurs mœurs originales, leurs caractères saillants; que le mot de patrie n'aura plus de sens, la famille plus de liens, le foyer domestique plus de sympathie; que les vertus sociales seront remplacées par l'amour ardent du gain; que sur notre globe nivelé, la pensée refroidie ne trouvera plus ni élan ni inspiration, et que les hommes, par une civilisation poussée à l'extrême, arriveront au même point que la barbarie, c'est-à dire à la vie nomade. Voilà sans doute d'amères et chagrines réflexions dont il n'entre point dans notre plan d'examiner la justesse. Quittons la partie philosophique de la question pour entrer sur le terrain des faits.

Jusqu'à présent on s'est beaucoup occupé des chemins de fer dans les livres, à la tribune de la Chambre, dans les bureaux; de fort beaux projets ont été conçus, mais sont loin encore d'être exécutés.

Il est curieux de comparer ce qui a été fait chez d'autres peuples avec les faibles résultats obtenus chez nous. L'Amérique du Nord compte 800 lieues de chemin de fer, et on y construit 800 lieues nouvelles, qui coûteront 300 millions. L'Angleterre, sur son petit territoire, présente, proportion gardée, une étendue encore plus considérable; elle a 142 lieues de chemins de fer, et on y construit actuellement plusieurs lignes qui auront 172 lieues de développement. Après ces deux exemples, on est honteux de citer la France, qui n'en possède pas 50 lieues; et cependant pour qu'elle eût toutes les lignes de chemins de fer dignes de sa grandeur, et nécessaires au complet développement de son industrie, il faudrait qu'elles fussent exécutées de Paris au Havre, à Valenciennes, à Calais; et puis, vers le Midi, de Paris à Lyon, Bordeaux, Marseille, Nantes et Bayonne; en tout sur environ 750 lieues. Mais nous devons le dire, nous sortons un peu de notre engourdissement; le chemin de fer de Paris à Saint-Germain va être livré au public; on nous promet que les députés ne se sépareront pas sans avoir voté les grandes lignes de Paris à Bruxelles, à Lyon, à Marseille, au Havre(1), à Versailles, et le chemin de fer qui intéresse plus particulièrement les questions que nous avons soulevées dans cet écrit, celui de Bordeaux à la Teste.

Chemin de fer de Bordeaux à la Teste.

Il doit opérer un bien immense dans cette contrée; car il n'aura pas seulement pour résultat de rendre plus économique et plus rapide le transport des voyageurs et des marchandises, il créera des produits agricoles, il fécondera le pays qu'il doit sillonner, et activera puissamment les améliorations qu'on projette dans les Landes, dont la stérilité doit surtout être attribuée à l'impuissance des moyens de transport. Les premiers chemins de fer ont été créés pour le service des usines; celui de

(1) Nous avions une idée trop flatteuse de cette Chambre dont l'esprit étroit et mesquin a reculé devant la grandeur de ces entreprises.

la Teste aura cela de remarquable que l'agriculture surtout en retirera de grands avantages. La ville de Bordeaux est aussi fortement intéressée à son exécution; car, dans l'été, les bains de mer et la chasse attirent à la Teste un grand nombre de ses habitants. Le bassin d'Arcachon l'approvisionne de poissons, huîtres, gibier; le mouvement des marchandises locales, telles que résines, brais, goudron, bouteilles, fontes et fers, planches, bûches, échalas, est très considérable, et il le deviendra bien davantage, par un transport plus rapide et moins dispendieux.

Lorsque ce chemin sera construit, des terres immenses actuellement incultes se couvriront, comme nous l'avons déjà dit, de produits agricoles, et ces produits transportés à Bordeaux, où les objets de consommation sont aussi chers qu'à Paris, s'échangeront contre des denrées exotiques que cette ville envoie chercher par ses vaisseaux sur tous les points du globe. Ainsi, d'un côté, la cherté des comestibles diminuera dans cette populeuse cité; le prix de la main-d'œuvre y sera moins élevé, et cependant la situation de la classe ouvrière se trouvera améliorée.

Les Compagnies des Landes et d'Arcachon en retireront des avantages incalculables; il contribuera à faire obtenir à la première les succès qu'on attend encore d'elle, et il mettra la seconde dans la situation la plus florissante, car ce chemin doit aboutir à son territoire où il doit avoir son entrepôt; cette Compagnie pourra, à peu de frais, charger les wagons de ses fourrages, de ses grains, des résines et des planches de ses forêts, de tous les produits enfin de son sol et de ses usines; les transports lui coûteront cinq fois moins que par la route départementale qui existe à présent. La plaine de Casau n'aura rien à envier aux plus belles parties du territoire de Bordeaux dans le voisinage duquel ce chemin va la placer, et fournira un exemple remarquable de tout le parti qu'on peut retirer du territoire des Landes. Cet exemple excitera l'émulation des philanthropes et des spéculateurs ; de proche en proche, ces vastes déserts seront pénétrés par la civilisation; là où régnait la misère, le silence, les épidémies et la mort, circulera le mouvement et la vie; la verdure des prairies embellira ces immenses plaines; des forêts d'arbres verts achèveront de fixer ces Dunes menaçantes; de riches moissons remplaceront les eaux pestilentielles des marais, et cette contrée qui égale en étendue trois de nos départements, rendue populeuse et fertile, ne déshonorera plus le sol de la France de son affreuse stérilité.

Il est bien temps pour Bordeaux que les Landes, et surtout celles de son voisinage, sortent du malheureux état dans lequel elles sont restées depuis tant de siècles. Bordeaux a besoin de leur prospérité.

Situation commerciale de Bordeaux.

Depuis plusieurs années une langueur toujours croissante mine cette grande cité ; la vie se retire d'elle, ainsi qu'il en est arrivé à Venise la superbe, qui eut aussi son temps de splendeur commerciale, et qui vit Lisbonne, ville ignorée, se lever tout-à-coup à l'extrémité occidentale de l'Europe, et hériter, après la découverte du cap de Bonne-Espérance, de son mouvement commercial. C'est ainsi qu'à mesure que nous avons vu Marseille grandir et devenir la reine de la Méditerranée, Bordeaux, vaincue dans cette lutte, a progressivement marché vers sa décadence. Les principales causes de sa chute sont connues : le retour du commerce à son ancienne voie, le bassin de la Méditerranée; l'importance qu'a prise le Havre, dont les relations avec la capitale sont si intimes; le système des douanes, le célèbre traité de Methuen, fait par l'Angleterre avec le Portugal, traité qui, avec quelques lignes, a tué la prospérité d'une de nos provinces. Ces deux nations sont liées par une clause qui oblige l'Angleterre à prendre tous ses vins dans le Portugal, et de son côté celui-ci s'oblige à tirer de la Grande-Bretagne toutes les marchandises qui lui sont nécessaires. Avant cette convention, Bordeaux expédiait au moins 25,000 tonneaux aux Anglais qui n'en prennent pas à présent 2,000. En outre, les vins de Champagne, de Bourgogne et du Rhin ont pris une grande extension et lui font partout une concurrence qu'elle ne connaissait pas autrefois. Les eaux-de-vie d'Armagnac, dont la consommation était si grande, ont subi un notable échec par les découvertes de la chimie qui sait à présent retirer de divers produits une eau-de-vie beaucoup moins coûteuse, très employée dans les arts, et dont le peuple se contente. Il n'est pas sans intérêt de mettre en regard le tableau comparatif des trois villes rivales, de Marseille, Bordeaux et le Havre; il sera facile de juger d'un coup d'œil la situation industrielle de ces trois ports de la France.

En 1823, à Bordeaux. . .	777,000 tonneaux.
En 1833, — . . .	785,000
Différence. . .	8,000 en plus.

En 1823, à Marseille. . .	1,360,000 tonneaux.
En 1833, — . . .	2,227,000
Différence. . .	867,000 en plus.

En 1823, au Havre. . . .	801,000 tonneaux.
En 1833, — . . .	1,194,000
Différence. . .	393,000 en plus.

Avancer comme Bordeaux, c'est reculer beaucoup, lorsque ses deux rivales ont fait des progrès si marquants.

On a comparé la surface de douze départements autour de Marseille, et d'un pareil nombre autour de Bordeaux; les premiers, qui possèdent en surface 380,000 hectares de moins que les derniers, paient 5 millions d'impôts, et ont 139,000 âmes de plus.

On a aussi comparé dans quelles proportions ces deux divisions avaient obtenu les récompenses accordées aux expositions de l'industrie, et on a trouvé :

Pour Bordeaux. . .	173
Pour Marseille. . .	723
En faveur de Marseille. . .	550

On n'a pas oublié de compter le nombre des brevets d'invention obtenus par ces deux villes depuis 1791 jusqu'en 1830.

Bordeaux. . .	121
Marseille.. . .	475
Différence en faveur de Marseille. .	354

D'après ces notions statistiques, la prééminence de Marseille est tous les ans plus saillante; pendant qu'elle s'avance à pas de géant dans la voie industrielle, Bordeaux reste stationnaire. Une des plus grandes causes de langueur qui minent cette belle cité, c'est le défaut de communication. Des chemins de fer, de meilleures routes, un système de canaux bien entendu, lui rendraient le mouvement et la vie qui semblent l'abandonner. Bordeaux est entouré de départements dont les produits ne peuvent arriver dans son sein : les fers de l'Ariége et du Lot, les marbres des Pyrénées, les houilles de Carmaux ne lui parviennent qu'avec beaucoup de temps et de dépenses ; et cependant Bordeaux pourrait encore aspirer à une brillante position par l'industrie agricole ; là est à présent son avenir, son salut. Le riche territoire qui l'entoure, et les vastes plaines des Landes, susceptibles de lui donner par la grande culture tant de produits qui lui manquent, pourront un jour lui faire reconquérir son ancienne splendeur.

Depuis la première édition de cet ouvrage, M. le vicomte Goupy de Beauvolers, grand propriétaire et cultivateur distingué en Belgique, dans ce pays modèle pour l'industrie agricole, nous a envoyé un Mémoire qui signale encore les immenses avantages que réunit la Compagnie d'Arcachon, dont nous avons déjà entretenu nos lecteurs. M. de Beauvolers, qui est au nombre des notabilités qui composent la Commission de surveillance et le Conseil d'agriculture de cette Compagnie, en a parcouru les vastes propriétés avec une patiente attention, et a porté la plus sévère investigation sur tous les points de l'entreprise ; il s'est démontré à lui-même l'existence de toutes les causes puissantes de fertilisation et de succès qu'on lui avait annoncées.

Le résultat de cette vérification attentive a porté dans son esprit la plus ferme conviction, et il n'hésite pas à porter, dans douze ans, à 30 millions la valeur de ces propriétés, qui n'en coûteront pas 6 aux actionnaires, en y opérant toutes les améliorations dont elles sont susceptibles.

M. de Beauvolers développe, dans son Mémoire, d'excellentes vues sur la mise en culture de ces propriétés, et le meilleur mode de les exploiter sans faire courir aucune chance de perte aux actionnaires. Il propose de créer, sur les 4,000 hectares destinés à la culture des grains et autres produits, des fermes de plusieurs grandeurs, de 10, 20, 30, 40, 50 et 100 hectares de terrain; chacune aurait une maison commode, qui ne dépasserait pas le prix de 2,000 fr. Nous croyons cette idée féconde en résultats immenses pour l'avenir; ce sera le moyen de faire arriver de bons cultivateurs, car la Compagnie peut leur faire de très beaux avantages, en retirant pour elle-même de grands bénéfices d'exploitation. En effet, chaque hectare ne lui revient qu'à 180 fr., y compris les canaux de desséchement, ceux d'irrigation, et les travaux de semis de pins; elle peut, par conséquent, affermer d'abord à un prix très modique, et augmenter ensuite considérablement le prix des baux.

M. de Beauvolers propose aussi une mesure que nous trouvons excellente. Il voudrait que l'on affermât également l'exploitation des usines; par ce moyen on ne courrait aucune chance, et les actionnaires n'auraient pas à redouter les suites fâcheuses qu'entraînent les opérations purement industrielles et témérairement conçues. Il est hors de doute que l'application de ce plan à la plaine de Cazau devra apporter la sécurité la plus entière dans l'esprit du capitaliste le plus craintif. Cette sécurité doit être d'autant plus complète, qu'une immense étendue de bois qui ne demandent ni soins ni dépense, donne à la Compagnie d'Arcachon, par la simple succession des années, une plus-value soumise à une inflexible progression, et que 3,000 hectares, favorisés tant par la bonté du sol que par des eaux abondantes d'irrigation, deviennent des prairies dont on sait que les produits sont considérables et certains. Il ne reste donc que 4,000 hectares qui pourraient être soumis aux chances de perte qu'entraînent en agriculture les méprises, les erreurs, l'inexpérience; mais morcelés et mis en fermage, le revenu est assuré d'avance. Ainsi rien n'est hypothétique, rien n'est incertain dans cette belle entreprise.

Au surplus, les grands moyens de succès de la compagnie d'Arcachon sont parfaitement complétés par la prochaine exécution du chemin de fer de Bordeaux à la Teste, autorisé par la loi du 17 juillet dernier. Nos lecteurs liront, sans doute, avec intérêt les rapports qui ont déterminé les deux chambres à son adoption; ils confirment entièrement ce que nous avons dit sur la situation des Landes, et la possibilité d'élever ce malheureux pays au niveau des plus belles provinces du royaume. Ce chemin de fer, en assurant la prospérité des grandes entreprises qui se sont formées dans les Landes et notamment de celle d'Arcachon, sera un puissant encouragement pour l'exécution des autres grands travaux si vivement réclamés par les administrateurs habiles et les savants distingués qui ont soumis la contrée du bassin d'Arcachon à leurs patientes études.

DOCUMENTS OFFICIELS

RELATIFS AU CHEMIN DE FER DE BORDEAUX A LA TESTE.

Exposé des motifs et projet de loi relatif au chemin de fer de Bordeaux à La Teste (Gironde), *présenté à la Chambre des députés, dans la séance du 3 juin 1837.*

Messieurs,

M. Godinet, notaire à Bordeaux, a présenté, dans le courant de 1835, un projet de chemin de fer de Bordeaux à La Teste, qu'il offre d'exécuter à ses frais, risques et périls, moyennant la concession d'un péage pendant quatre-vingt-dix-neuf ans.

M. Godinet expose dans sa demande que, jusqu'ici, les landes de Gascogne sont restées stériles et improductives, faute de moyens de transports; que la création de nouvelles voies de communication à travers ces vastes déserts peut seule y développer la richesse et l'industrie, et que tous les projets conçus dans cette pensée ne peuvent manquer de trouver faveur auprès du gouvernement. Déjà un canal de navigation entre le bassin d'Arcachon et l'étang de Mimizan a été concédé à une compagnie. L'exécution de ce canal exercera sans doute, sur la prospérité du territoire qu'il traverse, une heureuse influence; mais il est évident que son utilité s'accroîtra nécessairement dès qu'il sera mis en communication avec Bordeaux par une voie facile et sûre. Tel est l'objet que s'est proposé M. Godinet. Il fait remarquer que le port de La Teste est, en quelque sorte, sur une étendue de côtes de soixante-quinze lieues, le seul point accessible aux navires surpris par la tempête; que cette circonstance, jointe à sa position sur le bassin d'Arcachon, en a fait l'entrepôt du commerce des Landes, et qu'il est dès lors d'une grande importance de réunir cette petite ville à la place de Bordeaux par une communication rapide et économique, par un chemin de fer.

D'après le projet de M. Godinet, le tracé du chemin par la rue du Coq, à Bordeaux, traverse les marais et l'archevêché, et vient se raccorder, au moyen d'une double courbe, avec un grand alignement qui aboutit à l'extrémité sud du bourg de Biganos, en passant par la Croix-d'Hins.

Arrivé près de Biganos, le tracé s'infléchit et va se raccorder avec un nouvel alignement qui traverse les marais de Lamotte à l'embouchure de la rivière de Leyre, et passe dans le village de Mestras et au-dessous de Gujan et de Meyran.

Le chemin vient ensuite, après une légère inflexion, traverser le canal déjà concédé qui doit réunir le bassin d'Arcachon à l'étang de Mimizan, et aboutit enfin à La Teste.

La longueur totale du tracé est de 50,896 mètres, ou de douze lieues trois quarts : la pente maximum s'élève à 56 millimètres sur plus de 6,000 mètres de longueur; et la dépense de premier établissement est évaluée à 3,950,000 fr., y compris l'intérêt des capitaux engagés pendant la durée de l'exécution des travaux.

Le tarif demandé par le soumissionnaire est, par kilomètre parcouru, de 10 centimes pour les voyageurs, et par tonne de marchandises, de 10 à 25 centimes. Pour certaines denrées, il s'élève jusqu'à 60 centimes, et pour les coquillages vivants à 2 francs.

Avant de donner suite à la demande de M. Godinet, l'administration a dû, conformément à l'article 3 de la loi du 6 juillet 1833, la soumettre, dans le département de la Gironde, aux formalités d'enquête réglées par l'ordonnance royale du 18 février 1834.

La plupart des oppositions produites dans le cours de l'enquête ont été formées par des propriétaires dont les terrains doivent être traversés par le tracé du chemin de fer, et à raison des dommages qu'ils doivent en éprouver. Ces oppositions, basées sur de simples considérations d'intérêt privé, ne sont pas de nature à faire rejeter la demande de M. Godinet, s'il y a intérêt public à l'accueillir, et nous croyons inutile de vous en donner ici le détail. Nous nous bornerons à exposer celles qui nous paraissent mériter quelque attention.

Les habitants de la commune de Gujan signalent les inconvénients graves que doit entraîner le passage du chemin de fer dans le bourg de Mestras, à raison du grand nombre d'enfants qui s'y trouvent réunis.

Le sieur Dumora, concessionnaire d'un pont sur le Leyre à Lamotte, déclare protester et faire toutes réserves pour les dommages que lui causera l'établissement du chemin de fer en anéantissant les produits du péage du pont qu'il évalue à 3,000 fr. par an.

Un grand nombre d'habitants des communes d'Audernos et d'Arès demandent que le chemin de fer soit dirigé sur ces communes, et tourne le bassin d'Arcachon avant d'arriver à La Teste.

Enfin, M. Johnston, de Bordeaux, conteste l'utilité publique du chemin projeté : il fait remarquer que, sur la ligne du tracé, les deux lieues à la sortie de Bordeaux pourront seules fournir quelque aliment à l'entreprise, et il en conclut qu'elle sera sans objet pour le pays, et ne pourra être qu'une cause de ruine pour ses auteurs. Ce propriétaire ajoute qu'à raison de cette circonstance, il serait nécessaire de prescrire que les travaux devront s'exécuter à la fois et dans une égale proportion sur toute la ligne; autrement, il serait possible que le concessionnaire ne les continuât pas au-delà des deux lieues qu'il regarde comme seules avantageuses, et que la ruine de l'entreprise écartant tout nouvel adjudicataire, le premier concessionnaire conservât pendant quatre-vingt-dix-neuf ans la jouissance du droit de péage sur ces deux lieues, sans que le but de la concession fût atteint. Enfin, M. Johnston fait remarquer que le soumissionnaire n'offre de justifier, avant de commencer les travaux, que de la réalisation d'un fonds social de 500,000 fr., c'est-à-dire d'un huitième de l'évaluation des dépenses, tandis que, pour le canal latéral à la Garonne, on a exigé que le fonds social réalisé fût les trois quarts de la dépense prévue; de même il pense que l'on devrait exiger un cautionnement de 200,000 fr., c'est-à-dire d'un vingtième de la dépense, au lieu de celui de 100,000 fr. qu'offre le soumissionnaire.

A ces oppositions ou réclamations, le sieur Godinet s'est borné à répondre qu'aucune d'elles, si ce n'est celle de M. Johnston, n'a pour objet de contester l'utilité publique du chemin de fer; que l'opinion de ce dernier se trouve contredite par l'unanimité de la contrée, et qu'en ce qui concerne les intérêts privés qui ont donné naissance aux oppositions produites dans l'enquête, il serait possible d'y faire droit lors de l'exécution des travaux, en apportant au tracé définitif les modifications qui seraient compatibles avec les conditions de l'entreprise.

La commission d'enquête réunie à Bordeaux, après avoir pris connaissance des pièces du projet et de diverses réclamations et oppositions consignées au registre d'enquête, après avoir entendu M. l'ingénieur en chef des ponts et chaussées du département et l'auteur du projet, a reconnu :

Que le chemin de fer projeté faciliterait les transports dans un pays dont les produits en bois se perdent souvent sur pied, faute de moyens d'exploitation, et qu'il économiserait le temps et les frais de ces transports;

Qu'il faciliterait les approvisionnements de la ville de Bordeaux, permettrait d'augmenter l'exploitation des minerais du pays, et d'établir de nouvelles forges; qu'il donnerait le moyen de tirer parti des semis de pins dont on couvre les dunes, et qui, sur plusieurs points, pourraient déjà être exploités avec avantage;

Qu'il suppléerait très utilement à la route départementale de Bordeaux à La Teste, que l'absence complète de matériaux empêchera d'achever et même de maintenir en bon état dans les parties déjà construites.

Pour ces divers motifs, la commission d'enquête a été d'avis, à l'unanimité, qu'il y avait utilité publique à établir un chemin de fer de Bordeaux à La Teste; elle a ajouté, d'ailleurs, que cette utilité prendrait un caractère encore plus élevé si l'on considérait que le chemin de fer fera suite au canal concédé, entre le bassin d'Arcachon et l'étang de Mimizan, et qui probablement, dans un avenir plus ou moins éloigné, se prolongera jusqu'à Bayonne.

Passant ensuite à l'examen des oppositions formées pendant l'enquête, la commission déclare qu'elle s'en réfère, pour toutes celles qui reposent sur des considérations privées, à la déclaration faite par M. Godinet, de rechercher, en cours d'exécution, les diverses modifications qui seront de nature à concilier l'intérêt de la propriété avec celui de la communication qu'il s'agit d'ouvrir.

A l'égard de l'opposition du sieur Dumora, elle a déclaré qu'elle n'était pas appelée à donner son avis sur cette opposition.

Au sujet du vœu exprimé par les habitants des communes d'Andernos et d'Arès, pour que le chemin se rapprochât de leur territoire, elle s'est associée à ce vœu; mais, en même temps, elle n'a pas pensé que l'on pût en faire une obligation pour le concessionnaire.

Enfin, à l'égard de l'opposition de M. Johnston, elle a fait remarquer qu'elle ne pourrait partager son opinion sur la question d'utilité du chemin projeté; mais elle a reconnu qu'il y avait lieu de prendre en considération les observations de ce propriétaire, relativement à l'insuffisance du montant du cautionnement et du fonds social que le soumissionnaire propose de réaliser avant de commencer les travaux en exigeant que le cautionnement fût de 200,000 fr., et le fonds social réalisé de 2 millions au moins.

La chambre de commerce de Bordeaux et le conseil-général de la Gironde, adoptant les motifs invoqués par la commission d'enquête, ont donné un avis favorable à l'exécution du projet présenté.

MM. les ingénieurs du département ont examiné ce projet, tant sous le rapport de l'art que sous celui de l'intérêt général; ils en ont vérifié les nivellements, et en ont discuté les diverses dispositions; ils ont indiqué la nécessité de procéder à de nouvelles opérations sur le terrain, et ont d'ailleurs reconnu que tout ce qui tendait à créer dans les Landes de nouvelles communications ne pouvait que procurer un grand bénéfice à la localité, et que, sous ce rapport, le chemin projeté présentait tous les caractères de l'utilité publique.

M. le préfet de la Gironde, après avoir énuméré les avantages du chemin de fer de Bordeaux à La Teste, est d'avis que la concession directe du chemin soit accordée à M. Godinet aux prix du tarif qu'il a proposé; qu'on l'oblige d'ailleurs à fournir un cautionnement de 150,000 fr., et à justifier de la réalisation d'un fonds social montant à 1 million, avant de pouvoir commencer aucuns travaux.

Le conseil-général des ponts et chaussées, saisi à son tour de l'examen de cette affaire, a reconnu d'abord que le chemin de fer de Bordeaux à La Teste aurait pour effet de vivifier la contrée qu'il doit traverser, et qu'il présentait des caractères incontestables d'intérêt général.

Venant ensuite à l'examen du projet sous le rapport de l'art, le conseil a reconnu qu'il était possible d'y apporter de notables améliorations, et d'établir le chemin en réduisant le maximum des pentes à trois millimètres et demi par mètre, et le minimum des courbes de raccordement à mille mètres. Il a indiqué en outre certaines conditions spéciales sous lesquelles lui paraît devoir être accordée la concession du chemin projeté; et pour toutes les autres, il s'en est référé aux cahiers des charges adoptés pour les chemins de fer déjà concédés.

Quant au tarif demandé par le soumissionnaire, le conseil a fait remarquer qu'il n'offrait qu'une réduction insensible sur les prix de transport actuels entre Bordeaux et La Teste; qu'il était donc impossible de l'admettre, et qu'il devait être modifié dans les termes qu'il indique.

Venant enfin à la question de savoir dans quelle forme la concession du chemin de fer devait être accordée, le conseil a considéré qu'il était possible que le laps de quatre-vingt-dix-neuf ans demandé par M. Godinet ne fût pas nécessaire pour amortir l'intérêt du capital engagé, et qu'il y avait lieu dès lors d'adjuger l'entreprise par la voie de la publicité et de la concurrence, en faisant porter le rabais de l'adjudication sur la durée de la jouissance du péage.

Nous avons donné nous-même, Messieurs, une attention sérieuse à la demande de M. Godinet : il nous a paru d'abord incontestable qu'il y avait utilité publique à créer des voies nouvelles de communication dans un pays qui, jusqu'ici, est resté stérile faute de débouchés; nous avons considéré, en outre, que le port de La Teste, ou le bassin d'Arcachon sur lequel il est situé, est, en quelque sorte, le seul lieu de refuge assuré pour les bâtiments surpris par la tempête, sur l'immense étendue de côtes comprise entre Bayonne et l'embouchure de la Gironde. C'est aussi le seul point d'entrepôt des produits des Landes, et il ne peut y avoir que de très grands avantages à le rattacher à la place de Bordeaux par une voie rapide et économique.

Sous ce double rapport donc, le chemin de fer de Bordeaux à La Teste doit être déclaré d'utilité publique.

Quelques oppositions, il est vrai, ont été formées contre le projet du chemin ; mais les unes, vous l'avez vu, ne reposent que sur des considérations d'intérêt privé qui doivent céder à l'intérêt général, les autres ne nous paraissent nullement fondées, ou bien il sera facile d'y faire droit lors de l'exécution des travaux.

Quant au tarif, nous pensons qu'il doit subir d'importantes modifications. Pour procurer tous les avantages que l'on doit en attendre, un chemin de fer doit offrir au public non seulement la rapidité, mais encore l'économie des transports; or, le tarif proposé par le soumissionnaire n'offre qu'une différence insensible avec le prix de transport en usage entre Bordeaux et La Teste; il y a donc lieu de le réduire.

D'après ces considérations, Messieurs, nous avons l'honneur d'apporter à vos délibérations le projet de loi ci-joint, qui autorise le gouvernement à procéder par la voie de la publicité et de la concurrence à l'adjudication du chemin de fer de Bordeaux à La Teste, aux clauses et conditions du cahier des charges ci-annexé.

Projet de Loi.

Art. 1er. Le ministre des travaux publics est autorisé à procéder, par la voie de publicité et de concurrence, à la concession d'un chemin de fer de Bordeaux à La Teste (département de la Gironde), conformément aux clauses et conditions du cahier des charges annexé à la présente loi.

Art. 2. La durée de la concession n'excèdera pas quatre-vingt-dix-neuf ans. Le rabais de l'adjudication portera sur cette durée.

Art. 3. A l'expiration des trente premières années de la concession, et après chaque période de quinze années à dater de cette expiration, le tarif pourra être révisé, et si, à chacune de ces époques, il est reconnu que le dividende moyen des quinze dernières années a excédé 10 pour cent du capital primitif de l'action, le tarif sera réduit dans la proportion de l'excédant.

Art. 4. A toute époque après l'expiration des trente premières années de la concession, le Gouvernement aura la faculté de racheter la concession entière du chemin de fer de Bordeaux à La Teste : ce rachat aura lieu au taux moyen du cours des actions pendant les trois années qui auront précédé celle où le Gouvernement fera usage de la faculté que lui confère le présent article.

Le prix du rachat sera préalable à la prise de possession du chemin de fer par le Gouvernement.

Art. 5. Des règlements d'administration publique, préparés de concert avec le concessionnaire, ou du moins après l'avoir entendu, détermineront les mesures et les dispositions nécessaires pour assurer la police, la sûreté, l'usage et la conservation du chemin de fer et des ouvrages qui en dépendent. Toutes les dépenses qu'entraînera l'exécution de ces mesures et de ces dispositions resteront à la charge des concessionnaires.

Le concessionnaire est autorisé à faire, sous l'approbation de l'administration, les règlements qu'il jugera utiles pour le service et l'exploitation du chemin de fer.

Rapport fait au nom de la Commission chargée d'examiner le projet de loi relatif à la concession du chemin de fer de Bordeaux à La Teste (Gironde), *par* M. Laurence, *député des Landes.*

Messieurs,

Il existe au midi de la France, entre l'embouchure de la Gironde et celle de l'Adour, un vaste territoire s'étendant du rivage de l'Océan jusqu'aux limites de Lot-et-Garonne, et connu sous le nom de Landes de Gascogne ou de Bordeaux, à peu près oublié aux extrémités de l'empire. Si l'on excepte de cette immense surface les vignobles du Médoc et quelques points isolés dans l'espace, ces solitudes semblent vouées à toutes les causes de stérilité, d'insalubrité et d'abandon, et la ville de Bordeaux, qui en est si voisine, au lieu d'avoir autour d'elle un marché qui alimente son commerce, semble assise, comme d'anciennes cités de l'Orient, au bord du désert. Des projets nombreux ont été faits pour développer dans ce pays la richesse et l'industrie; un membre distingué du corps des ponts et chaussées publia même, il y a plusieurs années, un travail complet sur l'assainissement et la canalisation des Landes, mais le gouvernement n'en parut point ému : cette indifférence semble arrivée à son terme.

Une route royale tracée, selon la ligne la plus droite, de Bordeaux sur Bayonne, figure sur la carte et dans les états officiels, mais la faiblesse constante des allocations annuelles qui lui sont faites permet à peine d'entretenir quelques ponceaux et de maintenir le tracé, qui disparaîtrait autrement dans les sables. L'éloignement des matériaux a fait jusqu'ici reculer l'administration devant l'énorme dépense du pavage, et elle en est venue tout récemment à se demander s'il ne valait pas mieux substituer dans cette direction un chemin de fer à la route royale. Des études sont actuellement prescrites dans cet objet.

Les pouvoirs locaux ne sont pas moins impuissants que l'Etat à porter le mouvement et la vie dans des contrées qui en sont si complétement dépourvues. Une route départementale est tracée de Bordeaux sur La Teste; mais, malgré d'énormes sacrifices, le conseil-général de la Gironde n'a pu réaliser la mise en état de cette voie que sur un quart environ de son étendue. Il faut traverser une zone de sable de près de treize lieues, dépourvue de matériaux nécessaires à la confection des chaussées, et il est fort douteux qu'on se détermine de long-temps à voter les fonds exigés pour l'achèvement.

Le défaut absolu de communications agit, dans cette partie de la France, de la manière la plus désastreuse : non seulement les produits presque illimités que les forêts de pins ou la pêche procureraient aisément ne s'écoulent qu'avec des lenteurs et des difficultés infinies, et souvent périssent sur place, mais encore tout encouragement à la mise en valeur des terres vacantes disparaît. La population n'a aucune tendance à s'accroître, et au milieu du progrès général, les rares habitants de ces déserts n'en ressentent que mieux leur isolement et leur misère. Aucun effort n'est tenté et ne peut l'être sur les lieux mêmes, pour dessécher, assainir, fertiliser des terres qui deviendraient productives, et se couvriraient de forêts de pins, ou de riches pâturages, avec la bienfaisante intervention du pouvoir.

Au milieu de cette espèce de délaissement administratif, c'est l'industrie particulière qui a donné, la première, le signal des améliorations; c'est elle encore, elle seule jusqu'ici, qui a commencé de grandes choses, et qui en essaie d'autres non moins grandes.

La première tentative de ce genre sur le territoire même auquel s'applique le projet de loi que nous avons à examiner, est la construction d'un canal destiné à joindre le bassin d'Arcachon aux étangs du littoral, mis en communication régulière les uns avec les autres, et à faciliter ainsi, par le port de La Teste, jusqu'à Mimizan d'abord, et, plus tard, jusqu'à Bayonne, l'écoulement des produits de cette partie du département des Landes, dans laquelle la compagnie concessionnaire du canal possède des propriétés importantes. Si quelques fautes ont marqué les premiers temps de sa gestion, et retardé une prospérité qui paraissait assurée, la compagnie n'en achève pas moins l'important travail qui a été mis à sa charge, et le bienfait de cette voie nouvelle peut être considéré comme acquis à cette partie des Landes.

Une seconde association s'est formée dans le but d'exploiter, par la création de forêts nouvelles, la mise en valeur de terres arrosables, et l'élève des bestiaux, une surface considérable de bruyères qui s'étendent de l'est à l'ouest, dans l'espace compris entre le bassin d'Arcachon et l'étang de Cazaux. Des capitaux considérables sont, dès à présent, consacrés à cette entreprise purement agricole, et les fondateurs de la Société, prévoyant, pour eux-mêmes, la nécessité de faciliter des communications nouvelles, ont fait conférer à ses gérants l'autorisation de consacrer une somme importante en participation aux travaux d'utilité publique qui serviraient en même temps les intérêts de la compagnie

Enfin, la longue chaîne de dunes qui, sur un développement de soixante lieues, borde les rivages de l'Océan, se couvre, lentement il est vrai, de semis de pins dont les plus anciens prennent déjà place parmi les forêts de la contrée, et pour compléter dans un petit nombre d'années la fixation de ces montagnes de sable dont les vents régnants ont fait, pour les cultures voisines, un fléau envahisseur, le gouvernement provoquera sans doute et accueillera avec faveur des propositions dont le germe est depuis long-temps déposé dans des écrits dignes de la plus haute confiance et les votes des conseils-généraux.

Ainsi, au moment où la Chambre est saisie du projet de loi destiné à autoriser la construction d'un chemin de fer entre Bordeaux et La Teste, de grands intérêts, déjà créés, ou sur le point de l'être, se rattachent à son établissement; et, sous ce premier rapport, l'utilité semble démontrée.

Les relations de Bordeaux avec La Teste sont déjà nombreuses, mais difficiles et lentes, conséquemment fort coûteuses. Pour un parcours de 52 kilomètres que les charrettes du pays, attelées de deux bœufs, mettent deux jours entiers à effectuer, à l'aller seulement (au risque de s'en retourner à vide, les retours dans l'état actuel étant de très peu d'importance), on exige communément 3 fr. par 100 kilog. Le mauvais état des chemins ne permet à chaque voiture de charger que 7 à 8 quintaux métriques, et souvent beaucoup moins; en sorte que, pour un salaire rarement supérieur à 20 f., la charrette, l'attelage, le conducteur, dérobés à l'agriculture, demeurent cinq jours entiers hors de la ferme, les transports ne s'exécutant dans la contrée que par les cultivateurs.

La route départementale, si elle est jamais achevée, ne peut l'être de long-temps; et d'ailleurs, elle sera avantageusement remplacée par la voie nouvelle, dont la commodité et la rapidité obtiendront certainement la préférence. Mais l'économie dans le temps et les frais de transport n'est pas le seul avantage qu'obtiendront La Teste et Bordeaux, points extrêmes de la ligne, et le pays traversé. Le chemin de fer assurera, en les facilitant, une portion importante des approvisionnements de Bordeaux. Le poisson et les coquillages, le produit des chasses maritimes, le charbon, le bois de chauffage et de construction, les matières résineuses de toute nature, soit pour le besoin des armements, soit pour les autres emplois industriels, les verres à bouteille, la laine, la cire, les minerais de fer qui se trouvent en grande abondance dans les Landes, tous ces produits divers, dont quelques uns, comme les bois de pin, périssent à présent sur pied faute de débouchés faciles, iront à peu de frais trouver au loin des consommateurs assurés. Le marché ne sera plus limité à Bordeaux même, et les rives supérieures de la Garonne, aujourd'hui insuffisamment pourvues de bois, verront cet objet de première nécessité leur arriver désormais à de moindres prix.

La construction projetée permettra encore l'établissement d'usines nouvelles pour la fonte et le traitement des minerais de fer, et donnera les moyens de tirer parti des semis de pin, dont on couvre les dunes depuis cinquante ans, sans que, jusqu'ici, le domaine de l'Etat en ait obtenu aucun revenu.

Si, comme on peut le prévoir, le canal concédé au sieur Boyer Fonfrède, et qu'exécute aujourd'hui la compagnie par lui fondée, se prolonge jusqu'à Bayonne, il est aisé de comprendre combien cette prolongation ajouterait à l'utilité déjà si grande du chemin projeté.

L'inspection de la carte démontre de plus que le chemin de fer de

Bordeaux à La Teste pourrait devenir, sur une longueur de 40,000 mètres environ, la tête d'une des lignes qui de Bordeaux doit se diriger ultérieurement sur Bayonne; et le gouvernement l'a sans doute ainsi pensé, puisque, bien que le projet n'impose que l'établissement d'une seule voie, le concessionnaire est tenu, par le cahier des charges, d'acquérir le terrain nécessaire à l'établissement d'une seconde voie, et de souffrir d'ailleurs tous les embranchements qui seraient jugés utiles dans l'intérêt général.

Le commerce maritime n'est pas moins intéressé à ce que ce projet se réalise. Il arrive souvent que les gros temps et la violence des vents de nord-ouest ne permettent pas de tenter l'entrée en rivière et le passage de Cordouan. Le seul refuge que la côte puisse offrir vers le sud est le bassin d'Arcachon, dont la passe, long-temps périlleuse, est aujourd'hui praticable pour les bâtiments d'un tonnage assez élevé et peut s'améliorer encore. Des études particulières sont ordonnées, dans l'objet de vérifier ce qu'il est possible de faire pour fixer l'entrée du bassin, et la maintenir à une profondeur qui permette l'accès du port de La Teste au plus grand nombre possible des navires exposés sur cette côte à de si fréquents naufrages. Bordeaux aurait alors une sortie de plus dans l'Océan, et même en temps de guerre, puisqu'il faut tout prévoir, il y aurait plus de facilité à échapper par cette double issue aux croisières ennemies. En vue de La Teste et au large, un blocus serait toujours impraticable ou incomplet, tandis qu'à l'entrée de la rivière, il peut être fort étroitement maintenu. On n'a pas oublié que, sous l'empire et malgré toute l'activité des croiseurs anglais, le port de La Teste reçut un grand nombre de chargements, et connut momentanément une prospérité dont le retour n'est pas impossible.

Sous le rapport de la défense du territoire, alors que le génie militaire trouverait quelques inconvénients à l'achèvement d'une route carrossable de la côte à Bordeaux, il n'aperçoit que des avantages dans l'établissement d'un chemin de fer qui accélère, en cas d'attaque, les communications de l'intérieur au littoral, et, nécessitant des voitures d'une construction particulière qui peuvent être retirées, est aisément détruit lui-même, en cas d'invasion, par l'enlèvement des rails.

L'examen du projet, dont l'utilité publique est bien suffisamment constatée, ne peut donc que lui être favorable. Déjà la première proposition qui en fut faite avait été accompagnée de l'expression d'un vœu formel émis par le conseil général de la Gironde dans sa session de 1835. Le préfet du département, en transmettant au ministre des travaux publics la soumission du sieur Godinet, qui avait fait faire à ses frais les études préparatoires, faisait ressortir les raisons puissantes qui devaient la faire favorablement accueillir. Il allait même au-devant de l'objection tirée de ce que, en général, les plus clairs bénéfices d'un chemin de fer proviennent du transport des voyageurs, en expliquant que déjà les habitants de Bordeaux avaient une tendance marquée à se rendre sur les bords du bassin d'Arcachon pour y prendre les bains de mer, devenus aujourd'hui d'un usage presque général. Cependant, il faut affronter les désagréments d'un trajet pénible et long à travers des sables arides, ce qui permet d'espérer que le nombre des baigneurs s'accroîtra considérablement lorsque les communications seront à la fois commodes et rapides et que quelques heures suffiront au voyage.

Toutes les autorités auxquelles le projet a dû être soumis y ont donné leur assentiment. Le génie militaire a motivé son approbation ; l'ingénieur des ponts et chaussées de la Gironde n'a pas moins hautement approuvé en indiquant quelques rectifications immédiatement consenties. Le conseil-général du même département, dans sa session de 1836, a appelé sur l'exécution du chemin de fer dont il a proclamé la grande utilité, la sollicitude de l'administration. Le conseil-général des ponts et chaussées, après un rapport soigneusement motivé et qui est devenu la base de la proposition soumise à la Chambre, a donné au projet la sanction de sa haute expérience; enfin la commission mixte des travaux publics a déclaré qu'il y avait lieu de donner suite à l'établissement du chemin de fer projeté.

Toutes les dispositions des lois ont été exécutées. Les enquêtes n'ont révélé que des oppositions sans portée et sans valeur, à l'exception d'une seule à laquelle il a été fait droit. L'intérêt général et l'intérêt privé non seulement ne sont point compromis, mais sont complétement satisfaits.

Mais ce ne serait pas encore assez pour que la législature autorisât des particuliers plus ou moins aventureux à créer une voie nouvelle : si leur ruine ou celle des sociétés fondées à leur suite devait être la conséquence d'une tentative imprudente, la loi devrait être refusée, non pas tant pour éviter un dommage privé, considération qui a pourtant quelque valeur, que pour ne point décourager ceux qui seraient tentés de s'unir pour des entreprises mieux étudiées. Dans un pays comme le nôtre, le désastre d'une spéculation mal raisonnée détourne trop souvent de celles qui pourraient être assises sur des bases plus sûres, et il ne convient pas d'affaiblir l'esprit d'association si indispensable en France, où les capitaux sont trop disséminés, en lui ouvrant avec une sorte d'abandon l'accès d'opérations dont la non-réussite serait prévue à l'avance.

Votre commission a donc dû rechercher si la soumission originaire avait été réfléchie; si aujourd'hui, avec les modifications apportées au tarif primitivement proposé et la substitution de l'adjudication avec publicité et concurrence à la concession directe, le chemin de fer de Bordeaux à La Teste conservait de bonnes chances.

Et d'abord c'est bien sérieusement que le sieur Godinet, notaire à Bordeaux, et le sieur Roche, ingénieur civil qui avait fait les études, proposaient de se charger de l'exécution; seulement le tarif arrêté par eux parut trop élevé. Le loyer total du chemin de fer pour péage et transport équivalait à peu près au prix payé actuellement par la voie ordinaire, en sorte qu'il n'y avait presque d'autre utilité à emprunter le chemin, que la plus grande rapidité du parcours. Cet avantage semblait insuffisant pour faire préférer constamment la voie nouvelle, et si elle ne recueillait qu'une partie des transports, les bénéfices, charges déduites, risquaient alors de demeurer trop inférieurs à l'intérêt des capitaux engagés et aux prélèvements nécessaires pour les amortir. Mais, ainsi que tout futur adjudicataire, le soumissionnaire avait dû compter que la quantité des marchandises transportées s'accroîtrait avec la promptitude et la sécurité du transport, et cet espoir sera bien mieux réalisé, lorsque le bas prix viendra déterminer toujours la préférence. On peut alors, sans crainte d'exagération, admettre, surtout pour certains produits d'une valeur faible comparativement aux charges du transport, tels que les bois et charbons, le produit des pêches, etc., que les quantités transportées pourront quintupler et même décupler si les prix sont réduits d'un tiers ou de moitié. Ces prix eux-mêmes sont le principal élément de la valeur vénale de la marchandise rendue au lieu où elle se doit consommer.

La commission a su d'ailleurs que, même depuis que la libre concurrence était appelée, et lorsque l'on avait pu craindre que le projet ne fût considéré comme un de ces essais trop fréquents pour réaliser des bénéfices au moyen d'un trafic d'actions dont les actionnaires confiants demeureraient victimes, ou bien comme une de ces tentatives avortées qui compromettent inutilement l'intervention législative, il avait été offert au ministre des travaux publics de déposer, même avant la présentation du projet de loi, le cautionnement prescrit par l'une des conditions du cahier des charges, avec soumission d'en exécuter toutes les clauses ainsi que tous les articles du projet, s'il ne se présentait aucun adjudicataire. Cette offre devra peu surprendre, si l'on considère l'immense utilité que doivent retirer du chemin de fer les associations déjà formées pour l'exploitation de la contrée, et l'intérêt en quelque sorte personnel qu'elles ont à son établissement, dussent-elles y concourir au prix de notables sacrifices.

Cependant, comme la concurrence appelée doit être sérieuse, et que le rabais sur le nombre d'années de jouissance doit avoir toute liberté de s'exercer, il n'en fallait pas moins se rendre compte des résultats probables de l'exploitation du chemin de fer.

Des évaluations jointes aux pièces communiquées ne feraient ressortir qu'à un chiffre trop faible l'importance des transports de La Teste à Bordeaux et réciproquement, et des divers points de la ligne aux points extrêmes. Le nombre des voyageurs qui font actuellement le trajet serait aussi peu considérable, et en supposant que le prix payé aujourd'hui ne subît, dans le tarif du chemin de fer, aucun abaissement, l'intérêt ne dépasserait pas de beaucoup l'intérêt à 5 pour cent du capital employé.

Mais ce n'est pas ainsi qu'il faut asseoir et limiter l'évaluation des revenus probables. Toute nouvelle communication, surtout de la nature de celle-ci, améliore et grandit le présent, mais plus encore l'avenir; elle aide à utiliser les produits actuels, ravit à la destruction ceux qui ne trouvaient pas de débouchés, mais surtout excite et provoque incessamment à des productions et à des créations nouvelles. En considérant sous cet aspect l'accroissement immédiat et plus ou moins prochain des transports entre Bordeaux et La Teste, on reconnaît bien vite que les matières résineuses, les combustibles, les bois de construction, les produits des usines existantes se déplaceront dans cette direction, en quantité plus grande; les forêts s'exploiteront en bois sciés et débités; de nouveaux hauts-fourneaux vont s'élever; la compagnie dite d'Arcachon exécute dans de grandes proportions des desséchements et des défrichements; chaque jour les forêts dont les dunes se couvrent croissent et augmentent d'étendue. Le canal de La Teste à Mimizan doit apporter bientôt au chemin de fer de riches tributs. Ce canal et le chemin lui-même peuvent se prolonger jusqu'à Bayonne et la frontière d'Espagne, et cette seule éventualité ferait la fortune de l'entreprise. Voilà bien des chances appréciables de prospérité. Quelques unes sont déjà certaines.

Le mouvement des voyageurs suivra de son côté une progression ascendante proportionnelle. Les estimations les plus faibles décuplent le nombre des personnes qui pourront être transportées, et il est même difficile d'assigner un terme à cet accroissement, si l'on veut bien considérer, d'une part, que les rapports commerciaux multiplieront les causes de mobilité des hommes, de l'autre que La Teste est un des lieux les plus rapprochés où les populations de plusieurs départements voisins puissent aller prendre les bains de mer, et qu'aujourd'hui, dans Bordeaux même, la plupart des citadins ne connaissent pas le port de La Teste. Cette petite ville deviendra, en quelque sorte, une annexe de la grande cité, et en contribuant à la prospérité de celle-ci, doit s'enrichir elle-même.

Nous nous sommes donc déterminés, après quelques hésitations, à ne modifier en rien le tarif contenu au cahier des charges. Il est assez élevé, si l'on veut admettre la nécessité de rester notablement au-dessous des prix actuels pour que le chemin de fer soit préféré, et la nécessité non moins grande, pour le cas de prolongation de la ligne vers Bayonne, de ne pas établir sur la première section parcourue un précédent qui compliquerait ou embarrasserait la concession des autres. On eût bien pu échapper à ce dernier inconvénient en introduisant dans le cahier des charges une condition nouvelle, qui aurait obligé le concessionnaire à se contenter, sur la partie du chemin concédé, empruntée comme tête de ligne, du tarif qui serait alloué sur la prolongation; mais cette clause elle-même comportait dans l'application de nombreuses difficultés, et d'ailleurs, ainsi que nous venons de l'expliquer, nous n'avons point suffisamment reconnu la nécessité d'élever le tarif, convaincus, comme nous le sommes, que les conditions actuellement imposées n'en trouveront pas moins des adjudicataires.

Nous avons d'autant plus insisté sur cette question de tarif, que le rabais de l'adjudication doit porter uniquement sur la durée de la concession, qui, d'après l'article 2 du projet de loi, ne peut pas excéder quatre-vingt-dix-neuf ans. Nous n'avons pas eu à examiner autrement les conséquences de l'intervention de l'Etat dans l'exécution du chemin de fer qui fait l'objet du présent rapport. Aucune subvention, sous quelque forme qu'elle se déguise, aucune garantie, aucun avantage ne sont demandés. La loi n'apparaît que pour déléguer cette partie de la puissance publique qui force les intérêts privés à céder devant l'intérêt général; elle ne transfère aux concessionnaires que le droit, assurément bien légitime, d'exiger de ceux qui emprunteront le chemin de fer le loyer de la voie et des moyens de transport. Les conditions du cahier des charges nous ont paru, en général, satisfaire à toutes les nécessités de l'avenir; il y est fait au profit de l'Etat des réserves semblables à celles qui sont insérées dans toutes les conventions de la même nature. Le projet de loi lui-même ne contient que des dispositions à l'abri de toute critique, et la commission, à l'unanimité, a l'honneur de vous en proposer l'adoption pure et simple.

Cette adoption sera un grand bienfait pour le pays des Landes, et un commencement de réparation pour le long oubli dans lequel on l'a laissé. Il est bien à désirer que le gouvernement, exhumant d'un injurieux oubli les projets nombreux qui lui ont été soumis en divers temps, dote enfin ce pays, jusqu'ici déshérité, des communications qui lui manquent, utilise dans des voies navigables les eaux exubérantes qui transforment en marais fétides des plaines si faciles à fertiliser, affranchisse leurs habitants clair-semés des causes d'insalubrité qui les déciment, ouvre à leurs produits des débouchés qui en accroîtront l'importance et changeront la face du pays, multiplie sur la côte une population hardie qui viendra recruter la marine de l'État, et enfin rendre à la production ces immenses solitudes auxquelles ne manquent ni le sol, ni le ciel, mais seulement la sollicitude et la bienveillance du pouvoir central. La grande ville qu'on peut justement nommer la capitale du Midi éprouvera elle-même l'influence favorable de la prospérité des pays voisins, et les échanges, dont elle restera le centre, se multipliant autour d'elle, elle conservera et verra peut-être s'accroître, avec le temps, les avantages que son heureuse position et la beauté de son port lui assurent.

Exposé des motifs et du projet de loi relatif au chemin de fer de Bordeaux à La Teste (Gironde), *présenté à la Chambre des pairs, par M. le Ministre du commerce, dans la séance du 2 juillet* 1837.

Messieurs les pairs,

Il n'existe, au travers des Landes de Gascogne, qu'un petit nombre de communications tout-à-fait insuffisantes pour la vaste étendue de pays qui les renferme; aussi cette partie si intéressante de notre territoire est-elle restée jusqu'ici inculte et stérile, et c'est à peine si, sur quelques points, l'industrie a pu jeter quelques faibles racines.

L'un de ces points, le port de La Teste, est le seul, sur une étendue de côtes de soixante-quinze lieues, qui soit accessible aux bâtiments surpris par la tempête dans le golfe de Gascogne. C'est aussi le seul entrepôt du commerce des Landes. Il n'existe cependant, entre ce port et Bordeaux, aucune voie de communication d'un parcours facile et sûr en tout temps; la voie de mer, la seule qui soit constamment ouverte, est souvent impraticable sur cette partie du littoral de l'Océan.

Pour faire cesser un état de choses aussi nuisible au développement de la prospérité du pays, M. Godinet a proposé d'établir un chemin de fer entre Bordeaux et La Teste. Ce chemin, dirigé à travers une contrée peu accidentée et où la valeur des terrains est peu élevée, n'offrira que peu de difficultés d'exécution, et il réalisera des résultats d'une haute importance, en rapprochant Bordeaux du port de La Teste, et en ouvrant ainsi aux produits que ce port reçoit de l'intérieur du pays, et à ceux que lui apporte la navigation maritime, une voie toujours facile et sûre vers les grands centres de consommation.

D'après le projet présenté par M. Godinet, le chemin de fer partirait de la rue du Coq à Bordeaux, traverserait le marais de l'Archevêché, passerait à la Croix-d'Hins où serait le point culminant du tracé, et, après avoir traversé le marais de Lamotte à l'embouchure de la Leyre, et le canal déjà concédé du bassin d'Arcachon à l'étang de Mimizan, aboutirait au port de La Teste.

La longueur totale du tracé est de 51,000 mètres environ, et la dépense du premier établissement est évaluée à près de 4 millions.

Une enquête publique a été ouverte sur ce projet, conformément aux règlements de la matière. Les résultats de cette enquête ont été généralement favorables à son exécution. Quelques oppositions ont été produites, il est vrai; mais ces oppositions étaient ou sans fondement réel, ou dictées par des considérations d'intérêt privé qui devaient nécessairement les faire écarter.

En résumé, la Chambre de commerce de Bordeaux, le conseil-général de la Gironde, la commission d'enquête, les ingénieurs et le préfet de la Gironde ont été unanimes pour appuyer le projet du chemin de fer de Bordeaux à La Teste.

Le conseil-général des ponts et chaussées y a donné également un avis favorable; il a reconnu toutefois que, sous le rapport de l'art, le projet présenté par M. Godinet était susceptible de recevoir d'importantes améliorations, telles, par exemple, que la réduction des pentes et l'agrandissement du rayon des courbes qui servent à raccorder les alignements dont le tracé se compose.

Il a signalé également la convenance d'apporter au tarif quelques réductions.

Ces observations nous ont paru fondées, et nous y avons eu égard dans la rédaction du cahier des charges annexé au projet de loi que nous venons présenter à vos délibérations.

En résumé, MM. les pairs, nous venons vous proposer d'autoriser l'exécution d'une entreprise qui doit contribuer au développement de la prospérité d'une partie importante et trop long-temps négligée du territoire de la France. Le chemin de fer de Bordeaux à La Teste aura pour effet de porter la vie dans une contrée qui est restée jusqu'ici en arrière du mouvement général; il deviendra, pour les Landes de Gascogne, un instrument de civilisation, et sous ces divers rapports, il ne peut manquer d'exciter toute votre sollicitude.

Ces considérations, Messieurs, ont déterminé la Chambre des députés à donner son assentiment au projet de loi qui doit autoriser l'établissement du chemin de fer de Bordeaux à La Teste. Un seul article de ce projet a donné lieu à quelque discussion; c'est celui par lequel nous proposions de laisser au gouvernement la faculté de racheter la concession du chemin de fer à l'expiration des trente premières années de jouissance. La Chambre des députés a pensé que le chemin de Bordeaux à La Teste n'était pas une de ces lignes d'intérêt général pour lesquelles il pouvait être utile de réserver au gouvernement une semblable faculté, et sans rien préjuger sur la solution ultérieure de cette grave question, elle a voté la suppression de cette disposition dans la loi qui lui était soumise.

Cette modification nous a paru sans aucun inconvénient dans l'espèce, et nous y avons donné notre assentiment. C'est sur le projet ainsi amendé que nous venons, MM. les pairs, appeler vos délibérations.

Rapport fait à la Chambre des pairs, dans sa séance du 10 *juillet* 1837, *par* M. DE LA VILLEGONTIER, *sur le chemin de fer de Bordeaux à La Teste* (Gironde).

Le premier de ces chemins de fer joindrait Bordeaux au port de La Teste. Sa longueur serait de 51,000 mètres, à travers un pays de landes, d'un difficile parcours. Le port de La Teste est le seul entrepôt de commerce des Grandes-Landes, et sur soixante-quinze lieues de côtes, le seul refuge des bâtiments surpris par le gros temps dans le golfe de Gascogne ; un moyen de communication sûr et rapide avec Bordeaux, pour le transport du poisson, du bois de chauffage et de construction, du charbon, de la résine, de la cire, des laines et de quelques objets manufacturés, tels que les verres à bouteille, lui est donc d'une grande importance. Le sol étant peu accidenté et d'une faible valeur, et une seule voie, avec les précautions d'usage, pour le croisement des voitures, étant insuffisante, la dépense n'est pas évaluée au-delà de 4 millions.

Après l'examen fait par la Chambre des députés, il serait superflu de dire que les formalités légales ont toutes été remplies. Votre commission n'entrera point dans ces détails ; vous lui permettrez de se borner à vous donner l'assurance qu'elle les a vérifiés avec soin, et que tous lui ont paru satisfaisants. Si les enquêtes ont manifesté quelques oppositions, l'instruction démontre, ou qu'elles n'étaient pas fondées, ou qu'elles étaient dictées par des considérations particulières qui doivent céder à l'intérêt général. Toutefois, il y a été satisfait autant qu'il était possible de le faire.

Le projet de loi nous paraît offrir une considération grave dans la suppression du droit de rachat que le gouvernement s'était réservé à l'expiration des trente premières années. Cette mesure, fort judicieuse en ce qu'elle touche à la question générale des péages, dont il est à désirer que les transports, soit par eau, soit par terre, soient un jour exempts, devra surtout, nous le croyons, ne pas être écartée des projets qui s'appliqueraient à des lignes susceptibles d'extension. Evidemment, l'exposé des motifs contient le regret qu'elle ait disparu du projet de loi relatif au chemin de Bordeaux à La Teste. En effet, qui pourrait dire que, dans un avenir même peu éloigné, on ne songerait pas à poursuivre cette ligne de Bordeaux à La Teste, jusqu'à Bayonne, à travers une immense contrée négligée long-temps, qui contient d'abondants minerais, peut nourrir de nombreux troupeaux, que déjà recouvrent des forêts de pins, et à qui le canal de La Teste à Mimizan, s'il est continué jusqu'à Bayonne, préparera une ère de prospérité à laquelle contribuerait puissamment un chemin de fer, seule bonne voie de terre possible dans ces sables.

Votre commission ne peut donc qu'émettre un regret sur la suppression de cette disposition du rachat, disposition qu'elle regarde comme essentielle, et à laquelle on devait peut-être d'autant moins s'attendre, que la concession directe a été écartée et remplacée par le mode d'adjudication publique.

Nous nous sommes préoccupés encore de l'art. 4, qui porte « qu'à l'expiration des trente premières années de la concession, et après chaque période de quinze années, à dater de cette expiration, le tarif pourra être révisé et réduit si le dividende moyen des quinze dernières années a excédé 10 pour cent du capital primitif. » Cette mesure nous a paru bonne ; mais peut-être le terme de trente et quinze années est-il trop long. En Angleterre, quelques tarifs sont susceptibles de révision au bout de cinq ans.

Telles sont, Messieurs, les réflexions que votre commission m'a chargé de vous soumettre, en même temps qu'elle vous propose l'adoption du projet.

Loi *qui autorise l'exécution d'un chemin de fer de Bordeaux à La Teste.*

LOUIS-PHILIPPE, Roi des Français,

A tous présents et à venir, salut.

Nous avons proposé, les chambres ont adopté, nous avons ordonné et ordonnons ce qui suit :

Art. 1er. Le ministre des travaux publics, de l'agriculture et du commerce, est autorisé à procéder, par la voie de la publicité et de la concurrence, à la concession d'un chemin de fer de Bordeaux à La Teste, département de la Gironde, conformément aux clauses et conditions du cahier des charges annexé à la présente loi, l'article 44 de ce cahier des charges excepté, et sauf les modifications exprimées en l'article 2 de la présente loi.

Art. 2. La contribution foncière sera établie en raison de la surface des terrains occupés par le chemin de fer et par ses dépendances ; la cote en sera calculée comme pour les canaux, conformément à la loi du 25 avril 1803.

Les bâtiments et magasins dépendant de l'exploitation du chemin de fer seront assimilés aux propriétés bâties dans la localité.

L'impôt dû au Trésor sur le prix des places ne sera prélevé que sur la partie du tarif correspondante au prix de transport des voyageurs.

Art. 3. La durée de la concession n'excèdera pas quatre-vingt-dix-neuf ans : le rabais de l'adjudication portera sur cette durée.

Art. 4. A l'expiration des trente premières années de la concession, et après chaque période de quinze années, à dater de cette expiration, le tarif pourra être révisé; et si, à chacune de ces époques, il est reconnu que le dividende moyen des quinze dernières années a excédé dix pour cent du capital primitif de l'action, le tarif sera réduit dans la proportion de l'excédant.

Art. 5. Des règlements d'administration publique, rendus après que le concessionnaire aura été entendu, détermineront les mesures et les dispositions nécessaires pour assurer la police, la sûreté, l'usage et la conservation du chemin de fer et des ouvrages qui en dépendent. Toutes les dépenses qu'entraînera l'exécution de ces mesures et de ces dispositions resteront à la charge du concessionnaire.

Le concessionnaire est autorisé à faire, sous l'approbation de l'administration, les règlements qu'il jugera utiles pour le service et l'exploitation du chemin de fer.

La présente loi, discutée, délibérée et adoptée par la Chambre des pairs et par celle des députés, et sanctionnée par nous cejourd'hui, sera exécutée comme loi de l'Etat.

Donnons en mandement à nos cours et tribunaux, préfets, corps administratifs et tous autres, que les présentes ils gardent et maintiennent, fassent garder, observer et maintenir, et, pour les rendre plus notoires à tous, ils les fassent publier et enregistrer partout où besoin sera; et, afin que ce soit chose ferme et stable à toujours, nous y avons fait mettre notre sceau.

TARIF.		PRIX DE péage.	PRIX DE transport.	PRIX DE TOTAL.
Voyageurs (non compris l'impôt dû au Trésor, sur le prix des places).	Par tête et par kilomètre.			
	Voitures découvertes et non fermées, suspendues sur ressorts	0,03	0,02	0,05
	Voitures couvertes et fermées, suspendues sur ressorts	0,05	0,025	0,075
Bestiaux.....	Bœufs, vaches, taureaux, cheval, mulet et bête de trait..................	0,06	0,04	0,10
	Veaux et porcs....................	0,015	0,010	0,025
	Moutons, brebis, chèvres..........	0,013	0,007	0,02
	Agneaux.......................	0,006	0,004	0,01
Marchandises par quintal métrique (100 kil.) et par kilomètre	Poissons de toute espèce...........	0,05	0,02	0,07
	Huîtres et autres coquillages.........	0,026	0,014	0,04
	Gibier et volailles, morts...........	0,05	0,03	0,08
	Gibier et volailles, vivants.........	0,07	0,05	0,12
Marchandises par tonne et par kilomètre.....	Sels marins......................	0,05	0,03	0,08
	Houille.........................	0,06	0,04	0,10
	1re Classe — Pierre à chaux et à plâtre, moellons, meulières, cailloux, sable, argile, tuiles, briques, ardoises, fumier et engrais; pavés et matériaux de toute espèce pour la construction et la réparation des routes, pierre de taille, marbre en bloc, bois à brûler de toute espèce, bois de charpente non taillés, chaux, plâtre, minerais, fonte brute, fer en barre ou en feuilles, plomb en saumon..............	0,07	0,05	0,12
	2e Classe. — Coke, charbon de bois, perches, chevrons, planches, madriers, bois de charpente ouvrés, écarri ou scié, bitume, résine, brai, gaudron..	0,086	0,054	0,14
	3e Classe. — Blés, grains, farines, fontes moulées, fer et plomb ouvrés, cuivre et autres métaux auvrés ou non, vinaigres, vins, boissons, spiritueux, huiles, cotons et autres lainages, bois de menuiserie, de teinture et autres bois exotiques; sucre, café, drogues, épiceries, denrées coloniales et objets manufacturés..................	0,10	0,06	0,16

TARIF.		PRIX DE péage.	transport.	TOTAL.
Objets divers par tonne et par kilomètre.....	Voiture sur plate-forme (poids de la voiture et de la plate-forme cumulés)...	0,18	0,10	0,28
	Wagon, chariot ou autre voiture destinée au transport sur le chemin de fer y passant à vide, et machine locomotive ne traînant pas de convoi	0,08	0,04	0,12
	Tout wagon, chariot ou voiture dont le chargement en voyageurs ou en marchandises, ne comportera pas un péage au moins égal à celui qui serait perçu sur ces mêmes voitures à vide, sera considéré et taxé comme étant à vide.			
	Les machines locomotives seront considérées et taxées comme ne remorquant pas de convoi, lorsque le convoi remorqué, soit en voyageurs, soit en marchandises, ne comportera pas un péage au moins égal à celui qui serait perçu sur une machine locomotive avec son allège marchant sans rien traîner			

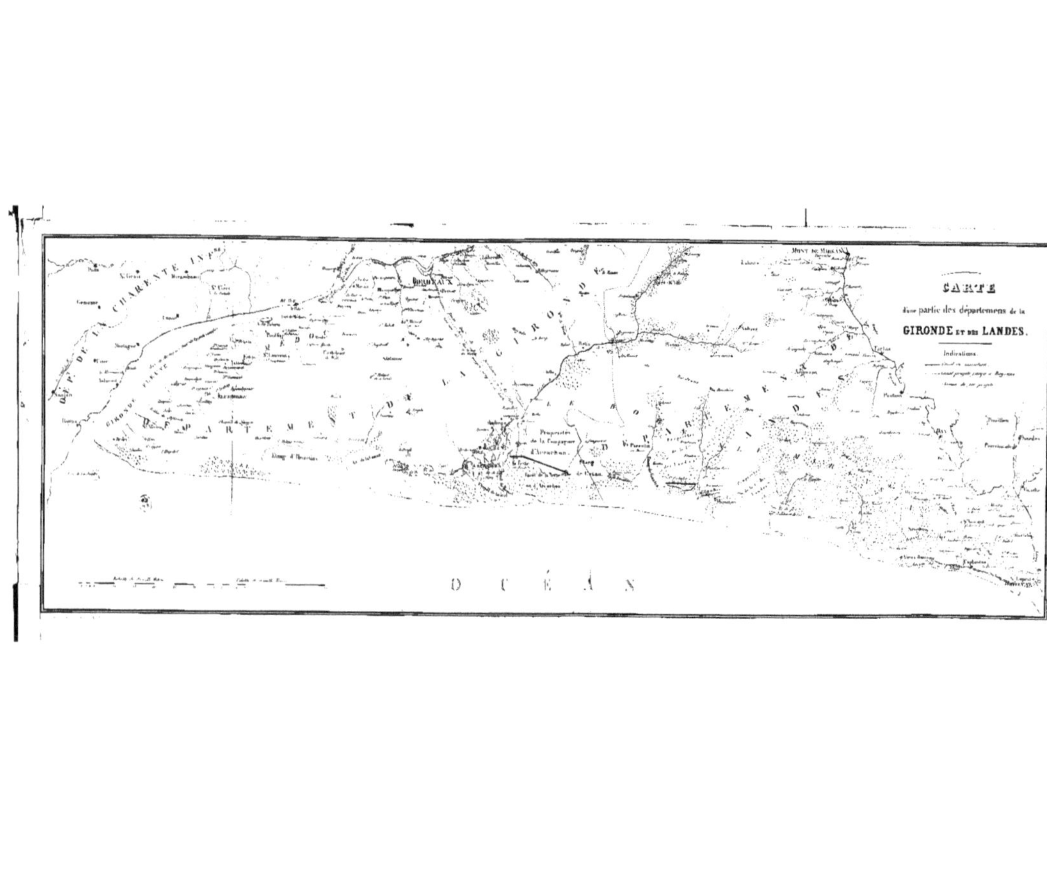
CARTE
d'une partie des départemens de la
GIRONDE ET DES LANDES.
Indications.
BORDEAUX
MONT DE MARSAN
Propriétés de la Compagnie d'Arcachon
OCÉAN

www.ingramcontent.com/pod-product-compliance
Ingram Content Group UK Ltd.
Pitfield, Milton Keynes, MK11 3LW, UK
UKHW020354180726
13839UKWH00003B/1105